色彩基礎

何耀宗 著

東大圖書公司 印行

©色　彩　基　礎

著　者　何耀宗

發行人　劉仲文

著作財產權人　東大圖書股份有限公司

總經銷　三民書局股份有限公司

印刷所　東大圖書股份有限公司

復興店／臺北市復興北路三八六號六樓

重慶店／臺北市重慶南路一段六十一號

郵　撥／○[illegible]七一七五──○號

初　版　中華民國七十一年七[illegible]

六　版　中華民國八十[illegible]年二月

編　號　E 90009

基本定價　貳元貳角貳[illegible]

行政院新聞局登記證局版臺業字第○[illegible]九七號

著作權執照臺內著字第[illegible]九二[illegible]七號

ISBN 957-19-0849-5（平裝）

色彩基礎

編號 E 90009

東大圖書公司

自序

一般來講，和色彩有關的領域，有主觀、客觀和實用三方面，在主觀的領域，有哲學、美學、社會學、心理學、文學、人類學以及宗教等。在客觀的領域，則有物理學、色彩學、光學、生物學和化學等。在實用的領域，又有造形美術、印刷工業、攝影、建築、服裝以及設計等，都和色彩有直接或間接的關係。

無論從那一個領域探討色彩的問題，最重要的應該是對色彩基礎的認識。作者在大專院校擔任色彩課程，多年來感覺不便的是，缺少學生用的參考書籍，尤其是中文的基礎理論參考書。

本書的編輯重點是把色彩學的基礎理論，作有系統的精要介紹，並盡量配以圖表說明。適合對色彩的基礎理論有興趣的青年學生，做爲探討色彩入門之用。

本書的內容包括：色彩的概念（色彩是什麼、光及色彩、物體色），色彩的體系（色彩的三屬性、色彩的表示方法），混色及三原色（色彩的混合、三原色），色彩的知覺（色彩的對比、順應性、恒常性、明視度、醒目性、進出及後退、膨脹及收縮），色彩的感情（色彩的感情與效果、色彩的連想、象徵、喜愛與嫌惡）以及配色及調和（配色美、配色調和論、配色基本型、配色計劃）等六大範圍。

本書的出版，因個人時間和學識有限，匆忙成書，難免有缺妥和遺漏的地方，若有發現，敬請指教，以便做爲修正的資料。

中華民國七十一年初夏

何耀宗于文化大學美術系

色彩基礎　目次

(2) 純度爲基礎的配色

(3) 色相爲基礎的配色

4. 配色計劃

(1) 地色及圖形色

(2) 「整體」色調

(3) 配色的「平衡」 (Balance)

(4) 配色的「輕重」、「強弱」 (Accent)

(5) 配色的韻律 (Rhythm)

(6) 「漸層」的調和 (Gradation)

(7) 配色的「統調」 (Dominance)

(8) 配色的「分隔」 (Separation)

研究色彩的五大範圍

一、物理的研究:

光如何到達眼睛
「光爲對象」
「物體」的問題

- 光與色、物體的形與色
- 光源、三稜鏡、色光系
- 單色光、複合光
- 透過光、反射光

二、生理的研究:

光進入眼睛至腦怎樣引起感覺作用。
「眼睛爲對象」
「感官」的問題

- 色彩的種類、三原色
- 光三原色、物體三原色
- 色彩三屬性、色盲
- 混色、調色、色彩的對比

三、心理的研究:

從感覺至知覺的過程現象。
「精神爲對象」
「感情」的問題

- 色彩及心理
- 色彩及感情
- 色彩的聯想
- 色彩的象徵
- 色彩的各種感覺與喜惡

四、美學的研究：

色彩設計與構成
「從造形追求配色及調和美」
「美爲對象」

- 配色與色彩構成
- 配色與調和的效果
- 配色調和美研究

五、機能的研究：

從生活追求配色及調和的機能效果
「色彩的實際應用研究」
「實用爲對象」

- 色彩調節
- 彩色計畫
- 機能配色
- 生活與色彩的關係

一、色彩的概念

1 何謂「色彩」

我們所以能夠認知物體的存在，是因爲眼睛看見物體的形狀，然而物體的形狀必須依賴色彩才能識別。例如白紙上用白顏料畫某種形狀，就不容易看出它的形狀。因爲紙的顏色和畫出的形狀顏色相同。由此可知，要使某種形狀看得見，必須使形狀的顏色和背景的顏色有所不同，也就是說，必須先有不同的顏色才能看見物體的形狀。

不過白紙上放置白色的蛋，所以看得見是因爲蛋是立體的，因出現的陰影產生明度差，所以能夠看出蛋的形狀。這種明度的差異，在廣義上來看，也是色彩的差異，所以要知覺存在物體的視覺的根本，就是色彩。

那麼我們又爲什麼能看得見色彩呢？

黑夜裏的烏鴉是不容易看得見的，不僅是烏鴉，就是紅色衣服、青色的帽子、黃色的鞋子，放在完全黑暗的地方，什麼顏色也將看不見。

因此，要看見物體，就必須要有「光」。換句話說：引起色感覺的根本……就是「光」。

來自太陽或電燈等光源的「光」，是直接進入眼睛的光，而大部份的光卻先照到物體，變爲反射光或透過光，再進入眼睛。

霓虹燈的顏色是從光源直接來的顏色，紅衣、青帽的顏色，卻是來自光源的色光遇到物體，反射出來的光的顏色。

又透過彩色玻璃或彩色塑膠板看見的顏色，是透過來的光的顏色。這些直接光、反射光、透過光等色光進到我們的眼睛，到達眼球內側的網膜，刺激網膜上的視神經末端的視細胞（錐狀體和桿狀體）引起視細胞的興奮，變成一種電氣信號，傳至視中樞而引起色彩的感覺。這個色彩感覺，立即投射到外界的物體上，使我們知覺到紅衣或青帽等物體的顏色。（圖一）

因此，我們看見顏色，必須經過「光」「物體」「眼睛」「精神」等過程。稱爲視覺四要素。所以色彩的定義是：

「色彩是光刺激眼睛而產生的視感覺」。

「色彩是光刺激視神經而產生的視感覺」。

色彩的研究，須從下面幾個領域着手：

光爲對象的物理學的領域。

眼睛爲對象的生理學的領域。

精神爲對象的心理學的領域。

從「色彩是美術的要素」來看，美術爲目的色彩研究，應包括多領域的研究；

從物理方面調查色彩的顯現問題。

從生理方面探討色彩的視覺問題。

從心理方面推測色彩的效果問題。

從生活方面研究色彩的機能問題。

總而言之，今日的色彩研究，是從美的、機能的、造形的立場追求「配色」、「調和」、「機能」、「美」爲目的。

2 光與色

引起色感覺的根本是「光」。根據現代物理學的研究，光是和收音機的電波或透視攝影的X光線等相同的，稱爲「電磁波」的一種輻射能，它能够引起眼睛的視感覺，也就是肉眼能够看見的部分。所謂電磁波，顧名思義是存在於空間的一種電氣或磁性，它在空中的狀態是能够以數學的，如同水面的波浪表示，並且具有波狀的一種波長（波的山及山之間的距離）（圖二）

這種波長有長的和短的差別。由於波長的不同，電磁波的性質也全然不一樣。最長的是電波，波長有的長達100km，最短的是宇宙線，波長只不過 100,000,000,000 分之 1mm（100 兆分之 1mm）而已。光是電磁波中，波長 400mμ（1mμ=1,000,000 分之 1mm）至 700mμ 之間的部份。太陽的光是這些波長 400mμ 至 700mμ 之間的光，大略以相等的比例組成。因此這些電磁波在吾人的感覺裏顯現成無色（白色）的光，所以又叫白色光。

將無色的太陽光，從細小的間隙導入暗房，在這個光的通路中放置三稜鏡，光透過三稜鏡，會產生屈折現象，再將屈折後的光放映到白色布上，就會顯現彩虹般的美麗色帶，

這個現象是一六六六年，英國的物理學家牛頓所發現，稱爲光的分解，這個色帶稱爲 Spectrum（色光系、光譜、光帶）按順序並列赤、橙、黃、綠、青、紫等六種色光。（圖三）太陽的光由這些色光混合而成，各個色光因波長的屈折率不同，而產生不同的色彩。赤的屈折率最小，紫最大。各色和波長的關係如下：

赤：700～610mμ

橙：610～590mμ

黃：590～570mμ

綠：570～500mμ

青：500～450mμ

紫：450～400mμ

出現於光譜的各色光，無法以三稜鏡再分析，所以又叫單色光。

同樣是屬於光源的色光，和太陽光的無色相反地，一般的白熱電燈的光，卻帶有黃色調，而有的日光燈的顏色，且帶有青色調。這是因爲太陽光是含有同樣比率的各波長的色光，所以（因加色混合）看起來無色。相反的白熱電燈的光是黃及橙的波長的光比其他波長的光含得多，所以帶黃色調，而日光燈則青的波長的光較多，赤的波長的光較少，因此看起來帶青色調。

因此，來自各種光源的光，由於各波長所含的光的比率有强弱之別（分光能量的分佈）或者缺少一部份波長的光而自然顯現各種不同效果的色光。

3 顏料的顏色和彩色玻璃的顏色

白紙上塗紅色顏料，看起來是紅色，塗黑的顏料，看起來是黑。這個現象不同於電燈的顏色，電燈的顏色是來自光源（電燈）的色光直接進入眼睛所感覺的顏色。顏料的情形是，來自光源的光照到白紙及紅顏料等不透明的物體，一部份的色光被吸收，另一部份沒有被吸收的色光，反射出來進入眼睛的網膜而感覺某色的存在。

假如太陽光的白色光照射到白紙上，白紙完全不吸收任何色光，全部反射的話，這個白紙等於含有相等比率的各波長的光線，所以看起來是白色。

（鏡面因水銀關係，它的反射光方向完全一致，成正反射而看到鏡中人。一般的白紙因紙面粗糙，反射光的方向不同而成擴散反射。）

灰色雖然也是各波長的色光以相等比率反射，和把照射來的色光全部反射的白相反地，灰色的情形是，先將各波長的色光一樣地平均吸收少部份色光，再把剩下的部份反射出來，所以看起來要比白色略暗（灰）。（一般陰影是灰色，就是這個道理）

另一方面塗在紙上的黑顏料，因吸收全部的色光，所以沒有反射光，結果無色光而看起來是黑。（但非 100% 吸收）

紅的顏料看起來之所以紅色，並非只有照射的白色光中的紅的單色光反射出來，其餘的被吸收所致。要了解這個現象，可以將紅顏料的反射光透過三稜鏡加以分析，其結果可發現經三稜鏡分散的紅顏料反射光，帶有色光系裡的赤及橙，甚至於紫等色光，而黃色至綠、青等色光卻消失。

由此可知，所謂紅色的顏料，是反射赤爲中心的色光系中的色光，吸收其他的色光而成紅色。又如顏料等物體色的顏色，雖然同樣是赤色，也異於赤的單色光，而是混合幾種單色光使人感覺是一種顏色的稱爲複合光的色光。

彩色玻璃或彩色膠片等透明物體的顏色，是來自光源的色光經玻璃或膠片部份吸收，而未被吸收部份的光則透過玻璃或膠片進入眼睛，看成各種顏色。

這種情形雖然也有反射光及透過光的不同，但也和顏料的顏色一樣是複合光的色光，例如蓋上青色鏡頭的照明用色光，並不是單色光的青的色光，而是青爲中心的綠及紫的單色光複合顯現的色光（複合光）。

因此，吾人普通所看到的顏色，無論是動植物的顏色、服飾的顏色、建築或家具的顏色，大部份都是由照明光反射或透過而來的複合光的顏色，這種顏色和自身發光的光源的顏色有所不同，所以特別稱爲物體色 (Object Color)。一般容易誤認爲物體本身各具固有的物體色，事實上是各波長的光遇物質時的反射或透過的情形（分光反射率或分光透過率）各有一定的比率而已。

若以太陽光的白光照射，就可看見一定的顏色，而光源的色光組織（分光能量的分佈）不同的時候，當然物體色也會看成不同的顏色。因此在白熱電燈下所看的和日光燈下所看的物體色所以不同，就是這個道理。

同樣是太陽光，嚴格講晴天和陰天、南邊和北邊的房子，早上和晚上、夏天和冬天等的太陽光，各波長的色光組成多少不同，因此為了正確再現色光，再好的彩色底片都會有不同調子的發色現象。

以人工着色各種物體所用的材料，一般稱為色料，色料中有不透明的顏料和透明的染料。以顏料做的有塗料（油漆）和水彩顏料、油畫顏料，染料所做的有墨水等。這些顏料或染料，因顏色不同各有特定波長的色光，以一定的比率吸收，並反射其餘的色光。

各種物質的各種顏色，吸收光量有一定的比率。以近白色的太陽光（光源）照明，就會顯現大略一定的顏色，一般稱為色料的顏色。色料的主要色的分光反射(或透過)率曲線，如（圖四）。

如上所述，物體色因照明光源的色光性質，看起來會有不同的變化，因此，嚴格來講要明確顏料的顏色是什麼顏色的時候，必須先決定是何種光源的照明。

目前在日本或歐美先進國，為了正確觀察色彩，規定有一種標準光源，用以檢查顏料或染料的色彩。計有下列三種方法。

1. A光源：代表夜間光源的白熱電燈的光。

2. B光源：代表太陽光，也就是白色光，近似中午的直射日光。

3. C光源：代表晴天的太陽光，即略爲青白的晝光。

這些光源都有特殊的光裝置而成。一般用得最多的是C光源。

但是普通要觀看顏色，只要避免太陽的直射光線，以北邊窗戶的光測定即可。

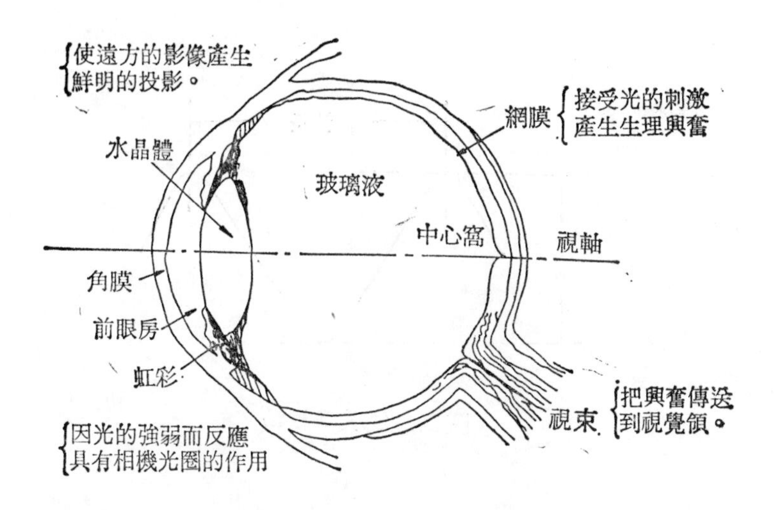

圖一　眼球的構造（斷面圖）

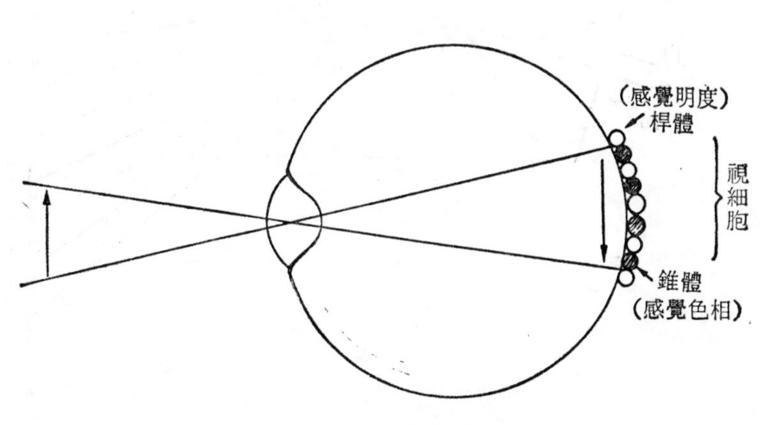

▲視細胞的作用圖解

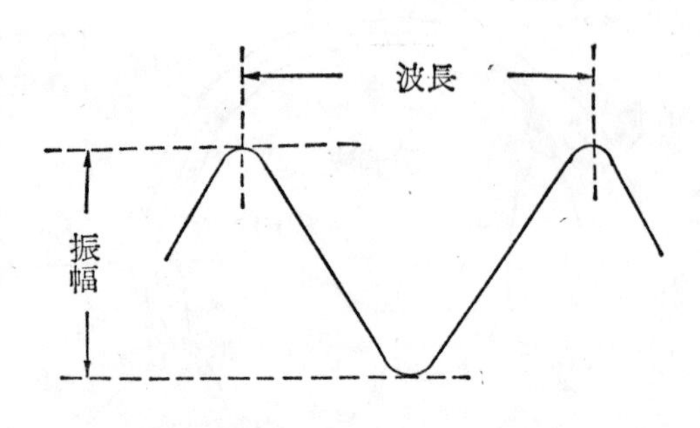

圖二　波長及振幅

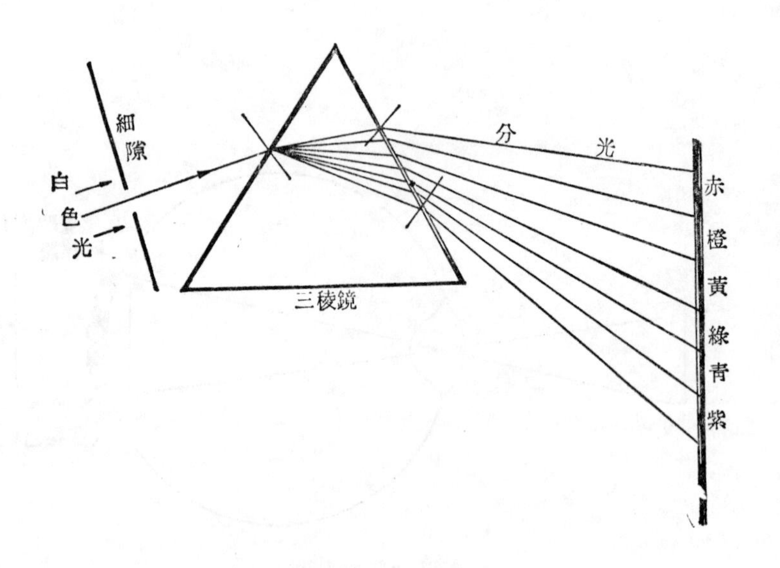

圖三　光的分解

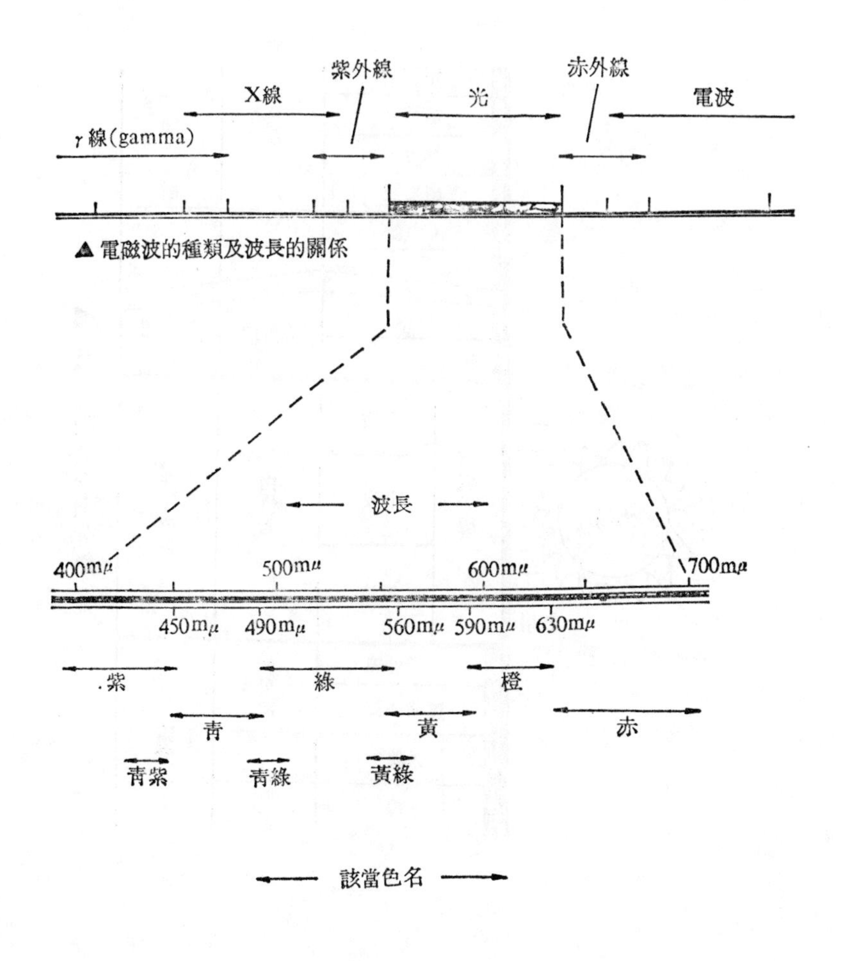

▲電磁波的種類及波長的關係

▲波長及色名

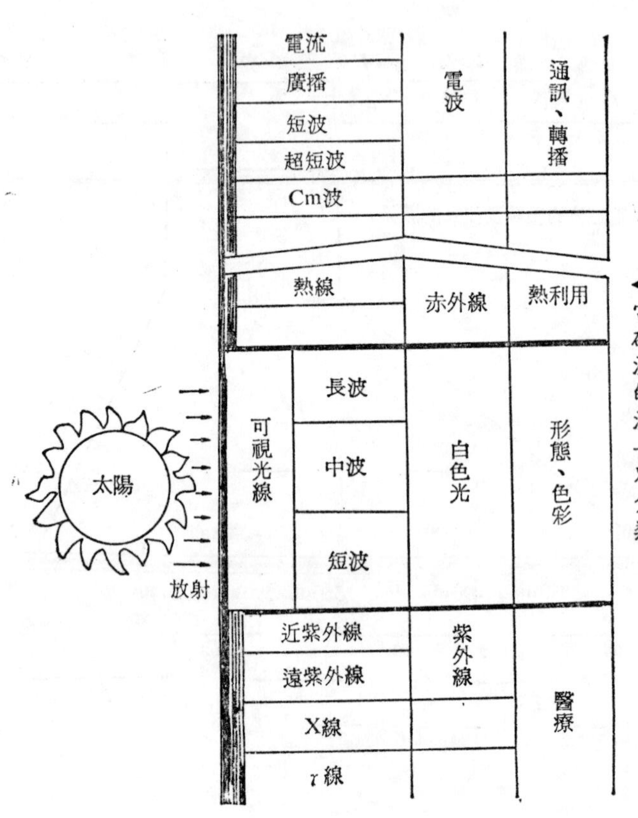
電流
廣播
短波
超短波
Cm波
電波
通訊、轉播
熱線
赤外線
熱利用
長波
中波
短波
可視光線
白色光
形態、色彩
太陽
放射
近紫外線
遠紫外線
X線
γ線
紫外線
醫療

▲電磁波的波長別分類

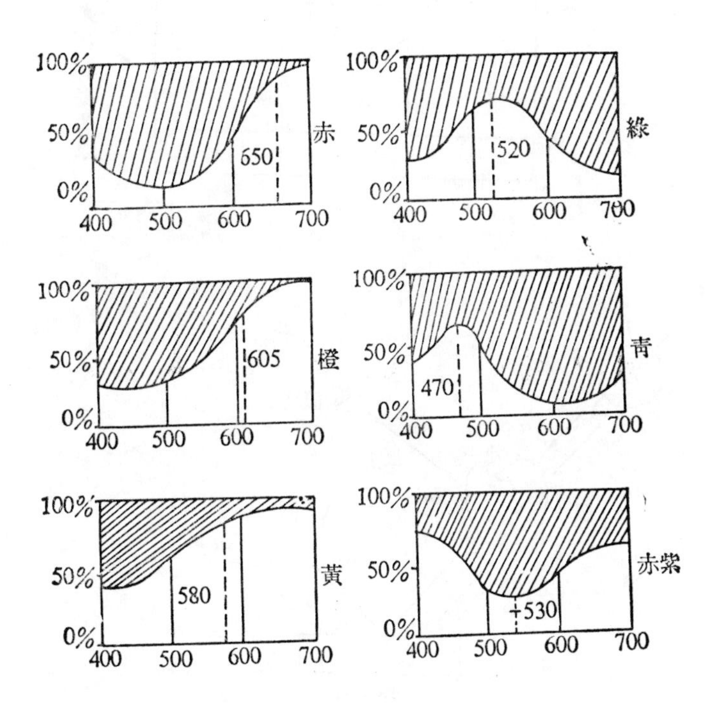

圖四　色料的（主要色相）分光反射率曲線

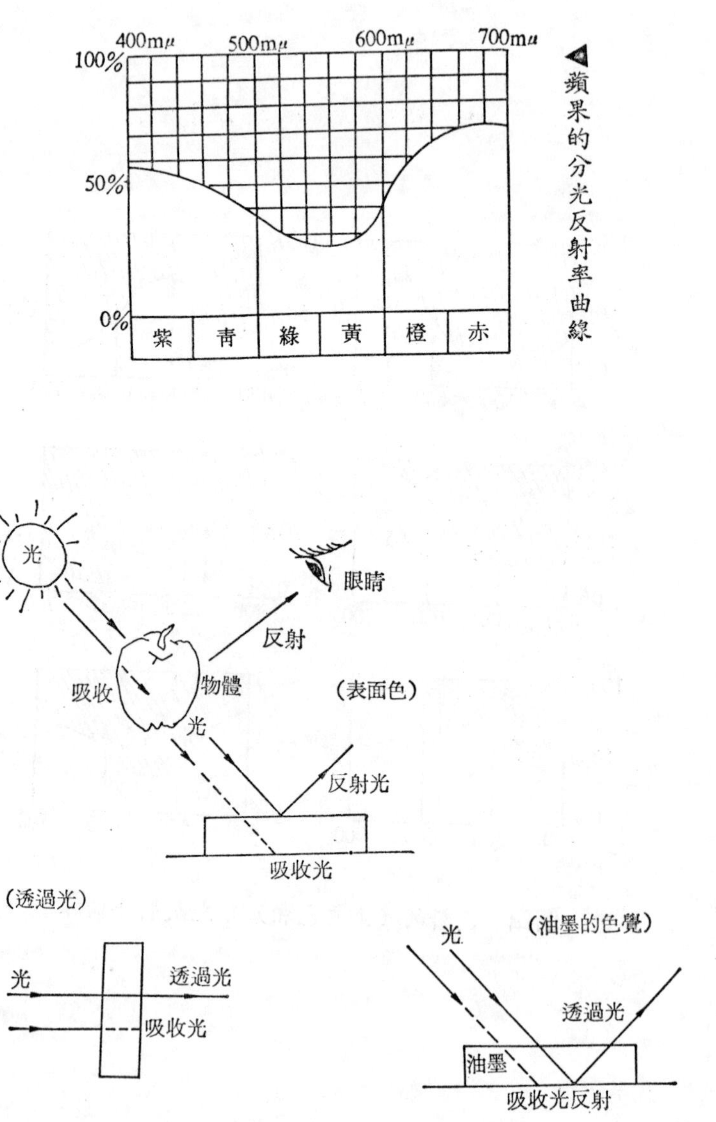
400mμ
500mμ
600mμ
700mμ
100%
50%
0%
紫
青
綠
黃
橙
赤
蘋果的分光反射率曲線
光
眼睛
反射
吸收
物體
(表面色)
光
反射光
吸收光
(透過光)
光
透過光
吸收光
(油墨的色覺)
光
透過光
油墨
吸收光反射

圖五　色彩的看法

二、色彩的體系

1 色彩的三屬性

(1) 顏色的種類

我們肉眼可見的世界充滿多彩多姿、五顏六色的色彩。這些色彩更可以說是五彩繽紛、千變萬化，幾乎令人感覺不會有同樣的顏色。事實上我們只要注意觀察色彩的差別，就不難分出相當多種的不同色彩。

那麼？到底人類肉眼能够分辨出來的顏色有幾種？也就是色彩的總數到底有多少呢？這個問題因人、因看的條件不同而有差異？所以不能一概而論。

我們由光譜波長的不同可分辨赤、橙、黃、綠、靑、紫等六色或七色。（色相位於赤和紫中間的赤紫，雖不存在於光譜上，我們也可以看得出來）再細分可以辨別 128 色，甚至於辨別爲 235 色。

除了可分別不同的色相外，再加上彩度（飽和度）及明度的差異，則可分辨的顏色多達 4000 色。若用儀器的測定更可分辨 200 萬至 800 萬種的色彩。

(2) 無彩色與有彩色

如上所述的無數色彩，大別起來可分為:

白、灰、黑: 等沒有色彩的顏色……無彩色

赤、黃、藍: 等有色彩的顏色………有彩色

中性的灰雖然是無彩色，但若是略帶赤或青等的灰則都屬於有彩色。並排無彩色的白、灰、黑可知道有種種不同的明度。即白最亮，黑最暗，其間可排列明度差不同的灰的連續階段（叫明度階段）。白、黑按排兩端，其中間排列順序等間隔感覺的明度差的數種灰色，就成為明度階段的系列。這種色彩具有的明亮度，叫明度，無彩色的明度系列，叫做明度階段。一般明度階段從白至黑之間分為 8 階段或 11 階段。（圖一）

有彩色也各有不同的明度。例如同樣赤系統的顏色，粉紅是明亮，胭脂色是暗紅。又如赤和綠的色相雖然不同，卻有明度一樣的赤和綠。因此，有彩色的明度，可以用無彩色的明度階段做比較，以視覺上能够一致的明度來表示。

並排有彩色來看，有屬於赤色調、黃色調、青色調等能够以系統化來區別的不同色調。這種色調的系統稱為色相。這種色相從赤開始如光譜的色光順序排列橙、黃、綠、青、紫，再加上光譜上沒有的赤紫系列，就可以循環移行回到赤的系列。這種色相的環狀配列，叫做色相環。

色相環上為了色相差獲得等間隔的感覺，可規定數種的代表色相，也就是主要色相。一般色相環以五或六種甚至於八種色相為主要色相，若在各主要色相的中間加入中間色相，

就可做成十色相、十二色相或二十四色相等色相環。

在有彩色中，也有明度相近的同樣的赤色，只是赤的色調較強、較鮮艷或是赤的色調較弱、較純。這種色調多、少或強、弱、艷、純的程度，叫做彩度。

無彩色沒有色相，並且彩度是零。無彩色加上色調，就可以提高彩度。有彩色的彩度可以從該色同明度的灰之間的色調差的等間隔感覺的階段中獲得。

彩度階段的取法依色相或明度其結果都不一致，色相或明度不同的時候雖是相同的彩度，它的色調的鮮艷度也不相等。同一色相的顏色中，彩度最高的顏色稱爲該色的純色。一般的色相環都以純色來表示。

所有顏色都有明度、色相、彩度等三種互相獨立的性質。稱爲色彩的三屬性。一切顏色都可以用色彩的三屬性來表示。

顏色的三屬性，因其要素是三次元構成，把它整理起來就成爲一種立體造形。

從中心的無彩色，按明度順序由上的白至下的黑垂直立無彩軸，圍繞此中心軸以水平方向外設色相環。色相環上的各色相和無彩軸連結，就可表示彩度。愈近無彩軸彩度愈低，愈遠離無彩軸彩度愈高。這樣包含明度、色相、彩度的立體，稱爲色立體。

所有顏色都可以配置在色立體中。將色立體連同無彩軸縱斷切成平面，就成一對的等色相面。和軸成垂直的平面加以橫斷，就可獲得等明度面。

此外顏色還有所謂的色調（Tone)。它是明度和彩度關係所產生的顏色的調子。在明度的關係看，無論無彩色或有彩色，明的色調叫明調，中程度的明的色調叫中明調，暗的色調叫暗調，此種色調的顏色，稱爲明色、中明色、暗色。就彩度關係來看，純色及純色加白或加黑的色調，（色立體中最外側的顏色）稱爲清色調。純色加灰的色調（色立體中無彩色以外的內部的顏色），叫濁色調，這些色調的顏色稱爲清色、濁色。（圖二）

這些所謂的清色或濁色，是關於物體色的表示，在理論上並沒有嚴格的區別，只是方便配色的名稱而已。

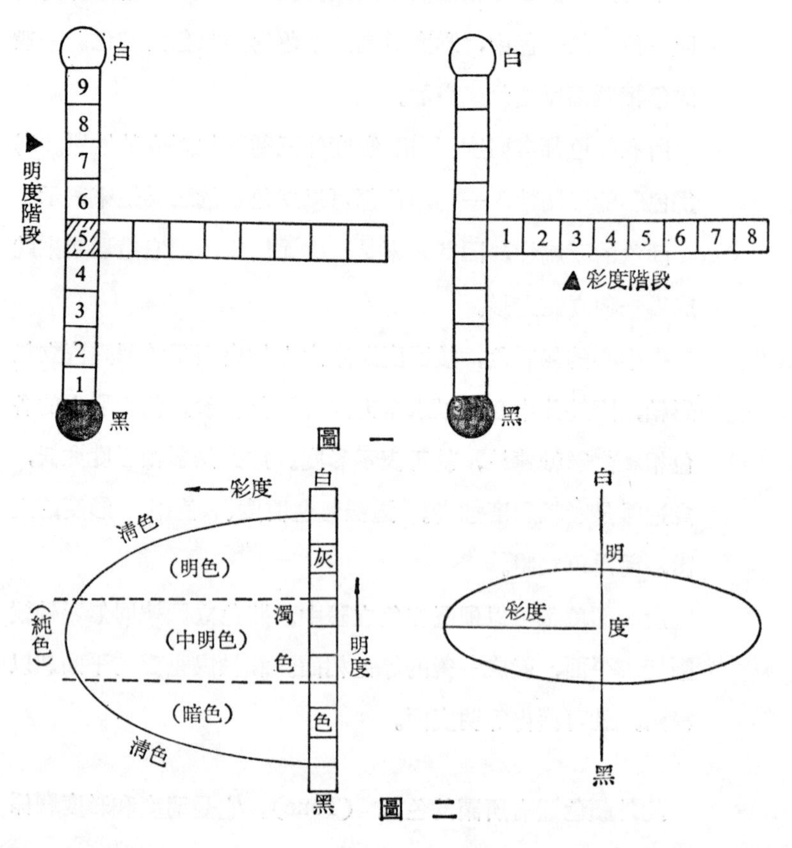

圖 二

2 色彩的表示方法

色彩的數量可以說是無限量存在我們的生活環境中。設計或其他使用色彩時，若能正確指出色彩的名稱，無論記錄色彩、指定色彩都非常方便。但事實上這是不可能的一件事。

現實的情形是採用塗色樣本或如紙樣、布樣等顏色的色票互相溝通的情形較多，這是煩雜而不方便的事。無數的色彩要一一命名，事實上也是不可能的。只以有限的色樣或色票的色名應付又是很不正確。就是有色名的顏色要嚴格規定其色彩的正確性也是很困難。

從這些見解來看，爲了正確表示色彩，設計具有實用價值又能够正確表示色彩的標準色票，從色彩的三要素以科學的組織化並以記號來表示色彩的方法產生。這就是色彩學家根據種種的色彩組織法，設計的一種能够正確表示色彩的色彩體系及表色法。

現在各國採用的標準色票（色彩體系）有美國的 Munsell 色票、德國的 Ostwald 色票和日本色彩研究所設計的色研配色體系(P. C. C. S)，這些色票都是基於三屬性構成的色彩組織法、色彩體系的表色法。

(1) 歐士互洛表色系 (**Ostwald Color System**)

創案人：德國人，曾得諾貝爾獎的化學家。(Wilhelm Ostwald 1853-1932)

他在著書 "Farbenlehre" 第一卷 (p. 192) 中說明其體系，並做有色票。

基本色相是:				
	黃	Y	(Yellow)	八種主要色相
	橙	O	(Orange)	
	赤	R	(Red)	
	紫	P	(Purple)	
	靑	UB	(Ultramarine blue)	
	靑綠	T	(Turquoise)	
	綠	SG	(Sea green)	
	黃綠	LG	(Leaf green)	

這些色相各再分三色相，成爲二十四分割的色相環。並以1至24的記號區分。例如:

$$\begin{pmatrix} 1Y、2Y、3Y、1O、2O、3O\cdots\cdots 1LG、2LG、3LG \\ 1 \quad 2 \quad 3 \quad 4 \quad 5 \quad 6\cdots\cdots 22 \quad 23 \quad 24 \end{pmatrix}$$

Ostwald 的顏色以混合適量的純色、白、黑而成。卽: 以「白量＋黑量＋純色量＝100」的關係表示。

無彩色的明度階段: 分爲八個階段，分別以 a、c、e、g、i、l、n、p 的記號表示。a 是最明亮的白色票，p 是最暗的黑色票，其間分爲六階段的灰調。

Ostwald 記號的白黑量如下表:

白 ←——————灰——————→ 黑

記 號	a	c	e	g	i	l	n	p
白 量	89	56	35	22	14	8.9	5.6	3.5
黑 量	11	44	65	78	86	91.1	94.4	96.5

此表表示色票上的白（a）要比理論上的白（純白）含有

11%的黑。同樣的色票上的黑(p)要比理論上的黑(純黑)含有 3.5%的白。

理論白{白 100%；黑 0%　　色票白{白89%；黑11%

理論黑{白 0%；黑 100%　　色票黑{白 3.5%；黑96.5%

有彩色的彩度階段：Ostwald 表色系以這個明度階段爲垂直軸，並以它爲一邊畫成正三角形，其頂點配以純色，做各色相的色票。這個三角形卽爲等色相三角形，可分割成二十八格，並有固定記號表示該色票所含的白量及黑量比例。

例如：nc, n 是白量5.6%， c 是黑量44%，因此其中所含的純色量是 100−5.6−44=50.4%

又如：色票的純色Pa，白量P是 3.5%，黑量 a 是11%，因此理論上純色的純色量是100−3.5−11=85.5%，並非 100%的純色。

這種等色相三角形，可以各色相分別作成，以無彩軸爲中心迴轉三角形，卽可作成複圓錐體，也就是 Ostwald 的色立體。

Ostwald 系表示色彩的方法是：

色相號碼及白量和黑量的記號表示。

例如：14Pl 是，色相 14 卽青色

白量P是 3.5%

黑量 l 是91.1%

青量是 100−3.5−91.1=5.4%，也就是紺色。

Ostwald 系的色票有美國出品的塑膠製市售品。叫做：

「Color Harmony Manual (1948)」。

Ostwald 色彩體系的特色：

1. 純色環放在和表示明度的垂直中心軸，成水平的面上。

2. 這是理論上表示，任何顏色都可由純色和白和黑混合而成。

假定一般色是由白、黑、純色三成份構成，先用吸收全部顏色的濾色鏡測出白量(%)，再用全部透過該色的濾色鏡就可以測出被吸收的黑量。

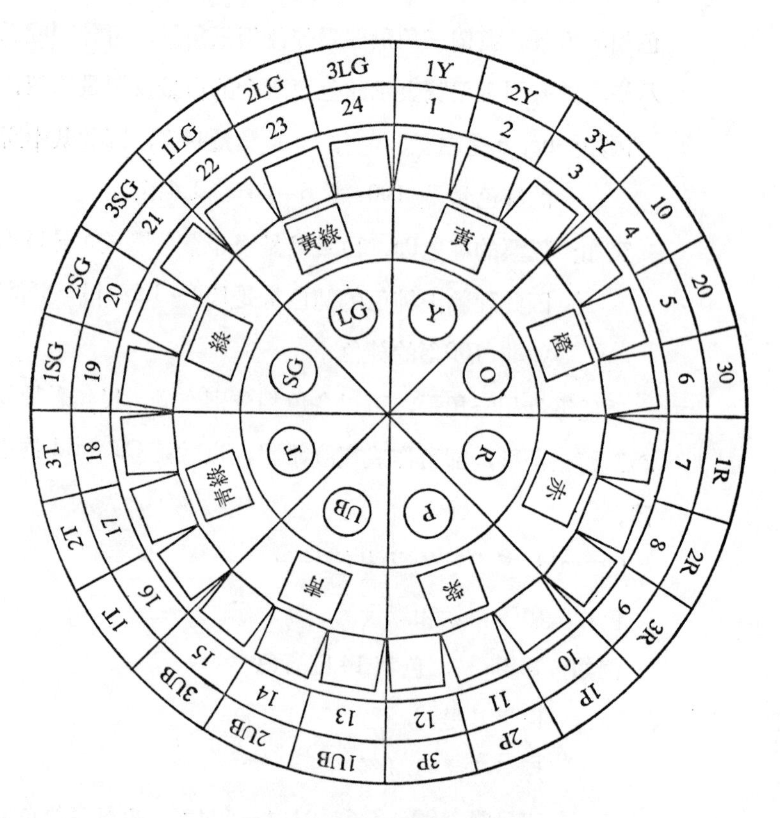

▲Ostwald 色相環的概念圖

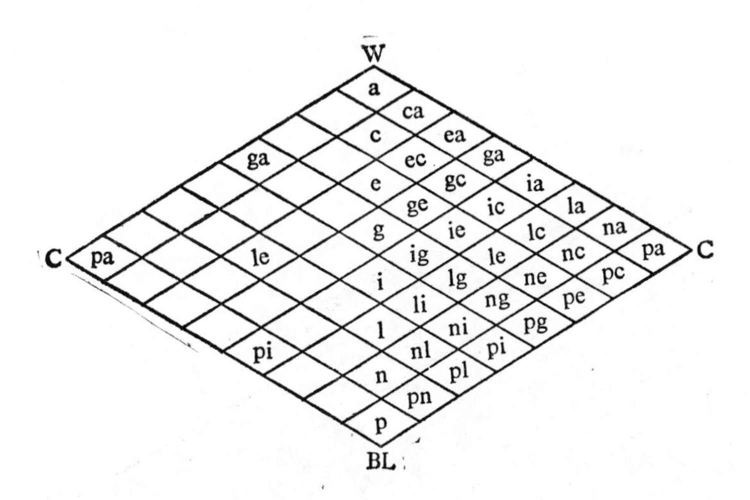

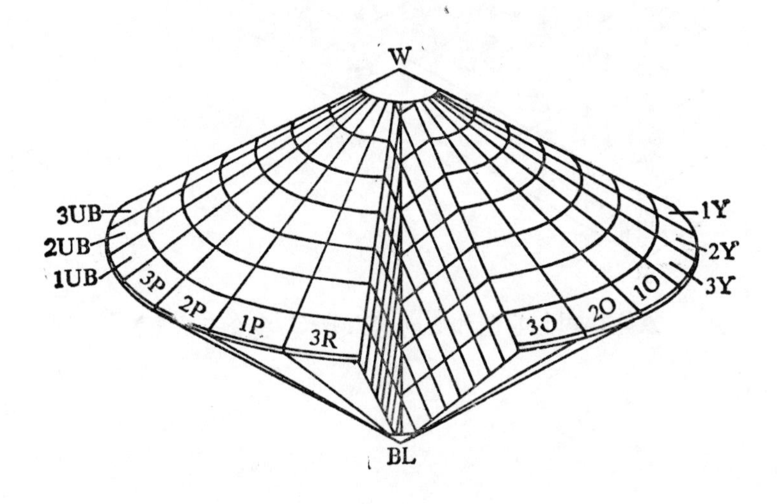

▲Ostwald 補色對斷面圖與色立體

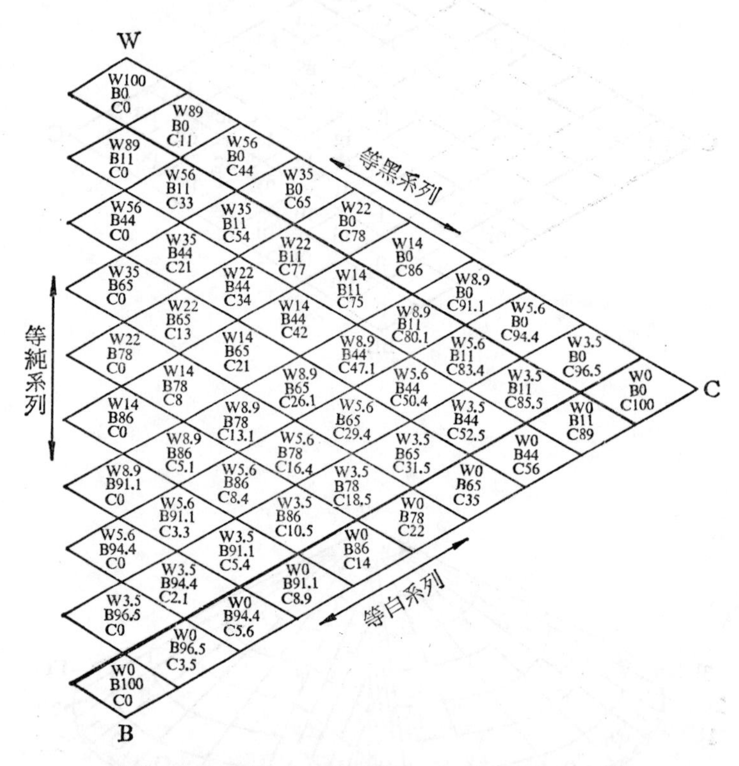

▲Ostwald 等色相面的 W.B.C 各含量（%）

(2) 曼綏魯表色系 (Munsell System)

創案人：美國美術教師 Albert H. Munsell (1858-1918)

Munsell system 於 1905 年確立，1927 年初版，後來經美國光學會的測色委員會改良。他死後由 Munsell 色彩公司出版"Munsell Book of Color" (1929)，就是現在的 Munsell 標準色票。

<table>
<tr><td rowspan="3">Munsell 色彩體系由</td><td>色相 H (Hue)</td><td rowspan="3">三屬性構成</td></tr>
<tr><td>明度 V (Value)</td></tr>
<tr><td>彩度 C (Chroma)</td></tr>
</table>

<table>
<tr><td rowspan="5">色相環是</td><td>赤(R)</td><td rowspan="5">五色相爲主，再加上中間色相</td><td>黃赤(YR)</td><td rowspan="5">共有十色相爲其主要色相（基本色相）
五個主色相和中間色相互爲補色關係。</td></tr>
<tr><td>黃(Y)</td><td>黃綠(GY)</td></tr>
<tr><td>綠(G)</td><td>青綠(BG)</td></tr>
<tr><td>青(B)</td><td>青紫(PB)</td></tr>
<tr><td>紫(P)</td><td>赤紫(RP)</td></tr>
</table>

※（1942年修正，把10色相各再 10 分割，共有100色相）

要再細分時，將十種主要色相各分 1 至 10 格，總共有100格，以 2R、8Y等表示。（100 色相的色相環）

各色相的第 5 格，即 5R、5YR、5Y……爲該色的代表色相。也可以用R、YR、Y表示。

<table>
<tr><td>又RP和 R 中間的 10RP</td><td rowspan="2">＞也可以用</td><td>RP—R</td><td rowspan="2">的記號表示。</td></tr>
<tr><td>R和 YR 中間的 10R</td><td>R —YR</td></tr>
</table>

明度階段：從黑的 0 至白的10之間，加入 9 灰色階段，共有11階段。以 N0、N1、N2、N3……N10 表示。

有彩色的明度則以相同明度的灰明度表示。

明度（V）是1或2，以 1/、2/、3/ 的記號表示。

彩度階段：無彩色爲0，以等間隔漸增色彩的感覺區分。彩度(C)是0或2，以 /0、/1、/2 等記號表示。在 Book of Color 中彩度最高的顏色是純色的赤 （V＝4/） 的 /14。彩度的高低，常因色相或明度的不同而異。同樣彩度的記號，也因不同明度或色相，它的灰調含有比率也不同。Book of Color 中的各色相及明度的最高彩度（色立體最外側的顏色的彩度）如另表。因爲彩度階段參差不齊，Munsell 色立體變成如41頁圖例複雜的造形，令人有樹形的聯想，所以又稱爲色之樹 (Color Tree)。

Munsell system (Book of Color 中最外側的顏色)

H \ V	2/	3/	4/	5/	6/	7/	8/	9/
5R	6	10	14	12	10	8	4	
5YR	2	4	8	10	12	10	4	
5Y	2	2	4	6	8	10	12	14
5GY	2	4	6	8	8	10	8	
5G	2	4	4	8	6	6	6	
5BG	2	6	6	6	6	4	2	
5B	2	6	8	6	6	6	4	
5PB	6	12	10	10	8	6	2	
5P	6	10	12	10	8	6	4	
5RP	6	10	12	10	10	8	6	

表內數字表示彩度（C)，本表可繪成色立體縱斷面圖。

Munsell 系表示色彩，以 $H^{V}/_{C}$（色相 明度／色彩）表示，例如十種主要色相的純色，以 Munsell 記號表示如下:

赤	5R	4/14	青綠	5BG	5/6
黃赤	5YR	6/12	青	5B	4/8
黃	5Y	8/12	青紫	5PB	3/12
黃綠	5GY	7/10	紫	5P	4/12
綠	5G	5/8	赤紫	5RP	4/12

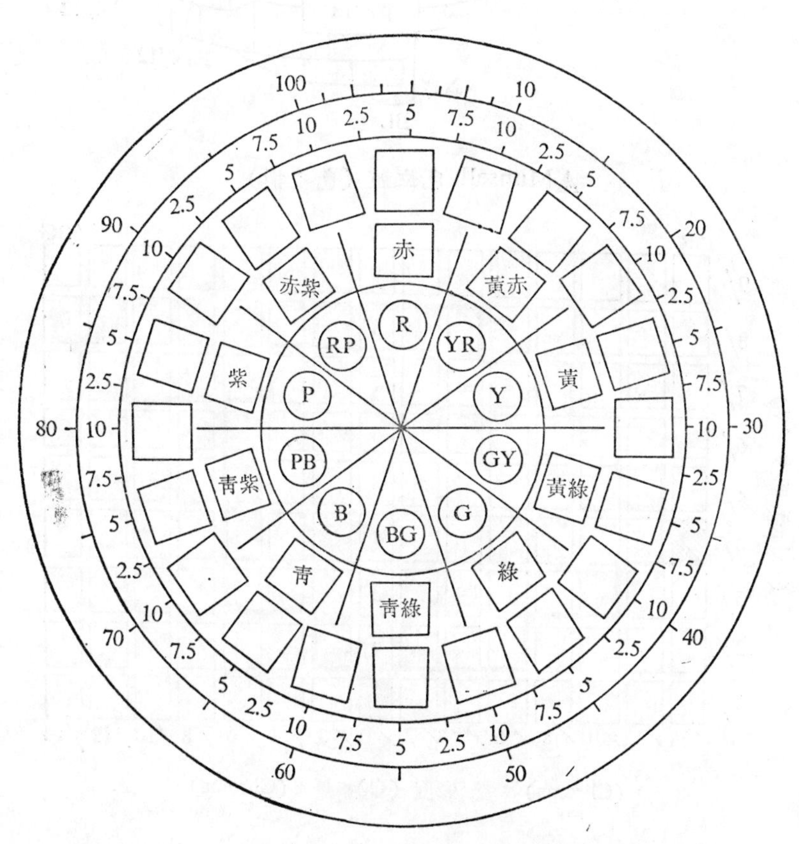

▲Munsell 色相環的概念圖

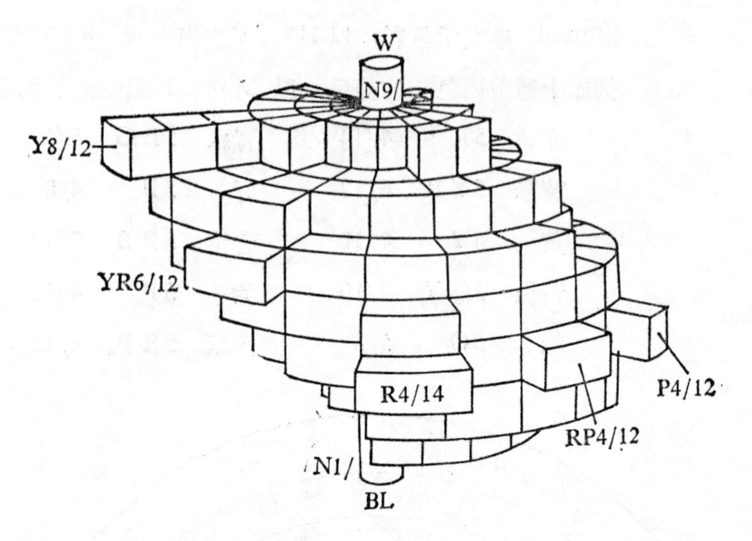

▲Munsell 色立體（色之樹）

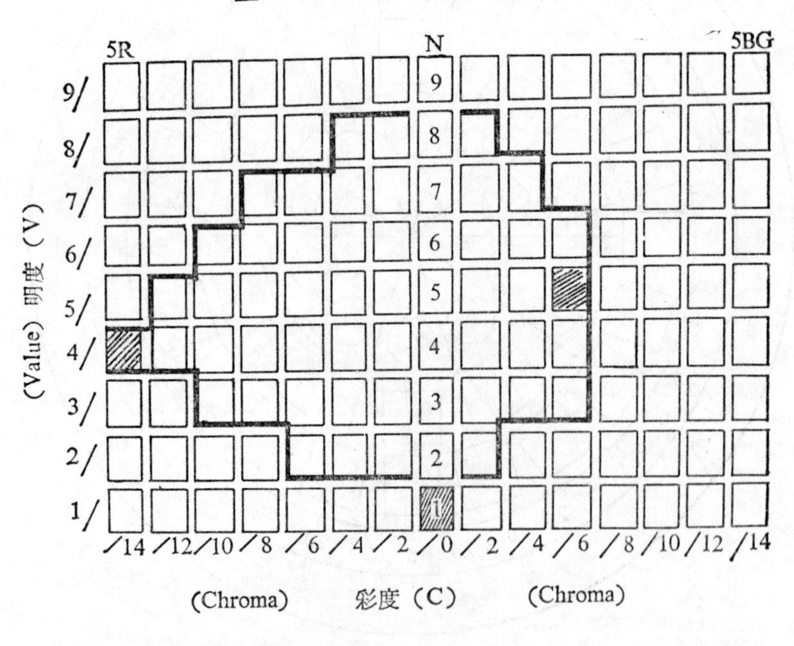

▲Munsell 表色系等色相面（5R和5BG的色立體縱斷面圖）

(3) 日本色彩研究所表色系

一九五一年由日本畫家和田三造主持的日本色彩研究所製定。刊行標準色票「色彩的標準」所定的色彩體系。

大體仿 Munsell 體系設計而成。色相和 Ostwald 相同分24純色，由赤起止於赤紫。

（色號碼和色名的關係如次）

號	色名	記號	色相	號	色名	記號	色相
1.	赤	R	R	13.	青調綠	bG	BG
2.	黃調赤	yR		14.	青綠	BG	
3.	赤橙	RO	O	15.	綠調青	gB	B
4.	橙	O		16.	青	B	
5.	黃調橙	yO		17.	紫調青	pB	
6.	黃橙	YO		18.	青紫	BP	
7.	赤調黃	rY	Y	19.	青調紫	bP	P
8.	黃	Y		20.	紫	P	
9.	綠黃	GY	YG	21.	紫	P—r	
10.	黃綠	YG		22.	赤調紫	rP	
11.	黃調綠	yG	G	23.	赤紫	RP	RP
12.	綠	G		24.	紫調赤	PR	

R、O、Y、G、B、P 爲主要六色相，中間加入五中間色。

YO、YG、BG、BP、RP計11色相。每色相再細分2或3色相，共計24色相。

本色立體爲了着重等色相差，作成等差色環，因此補色關係無法放於直徑的兩端位置。

明度階段是以10爲黑，20爲白，中間有9階段的灰色，全部有11階段。

彩度階段和 Munsell 色立體相似。

無彩色的一般名如次:

20. 白
19. 灰白色
18. 明灰色
17. 灰色
16. 暗灰色
15. 明鼠色
14. 鼠色
13. 暗鼠色
12. 黑鼠色
11. 鼠黑色
10. 黑色

彩度階段，因色相分 5～10 階段，彩度 1、2 是淡色或暗色，3、4 爲明色或中色，5、10 爲濃色或強色。

本色立體愈離開彩色軸，彩度愈高。

顏色的表示以 色相＝明度＝彩度 配列三種數字表示

例如 4 ＝ 14 ＝ 4

色相 4 ……橙
明度14……略暗的中明度
彩度 4 ……純色與無彩色中間色調

} 褐色（茶色）

這個色立體如橫臥的蛋形,赤的彩度最長,等於蛋尖端部位。

（註: 日本色彩研究所表色系， 自 1965 年以後改爲日本色研配色體系，簡稱 P. C. C. S）

▼日本色彩研究所表色系24色相環

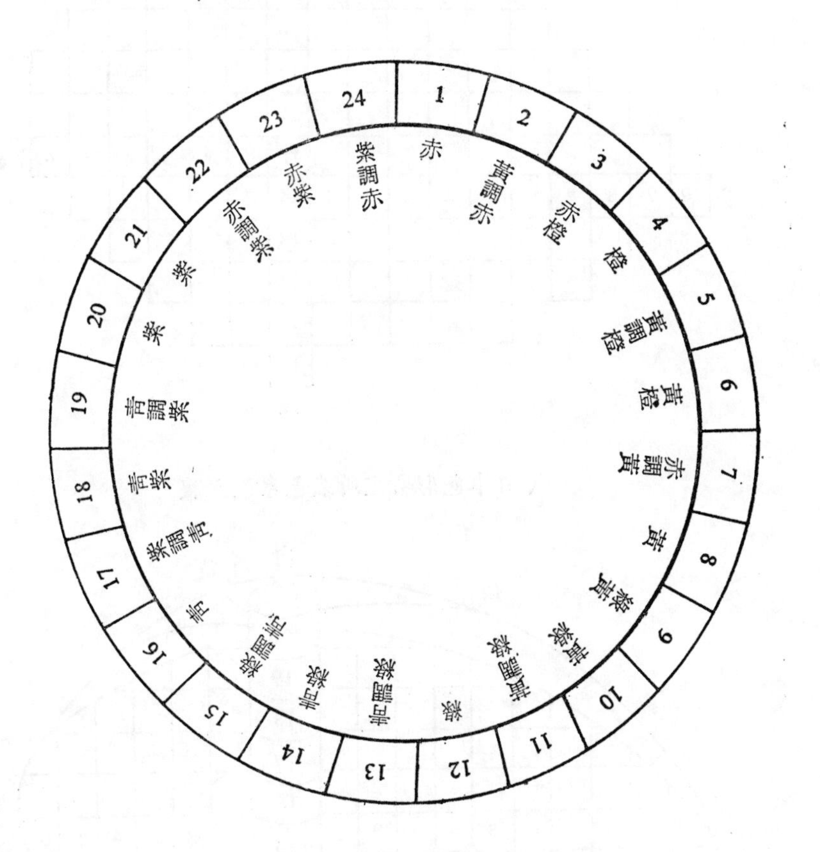

▼日本色彩研究所表色系斷面圖

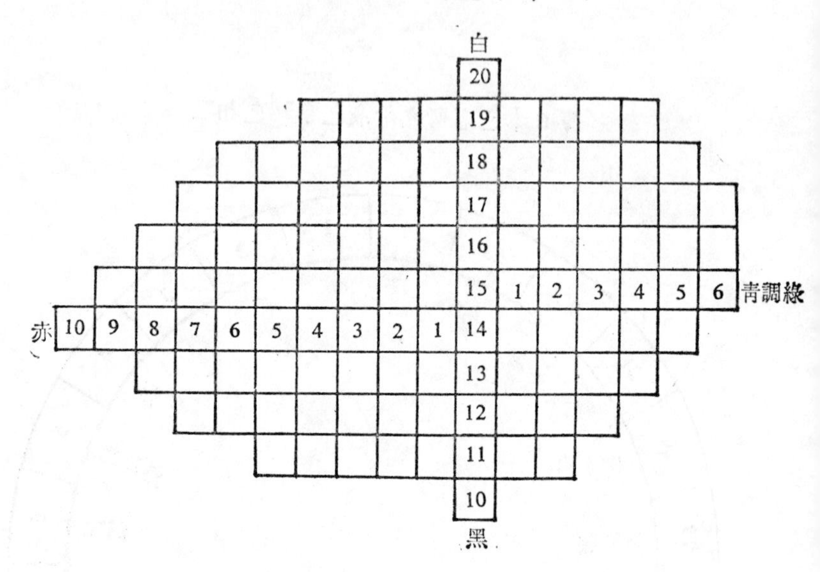

▼日本色彩研究所表色系色立體

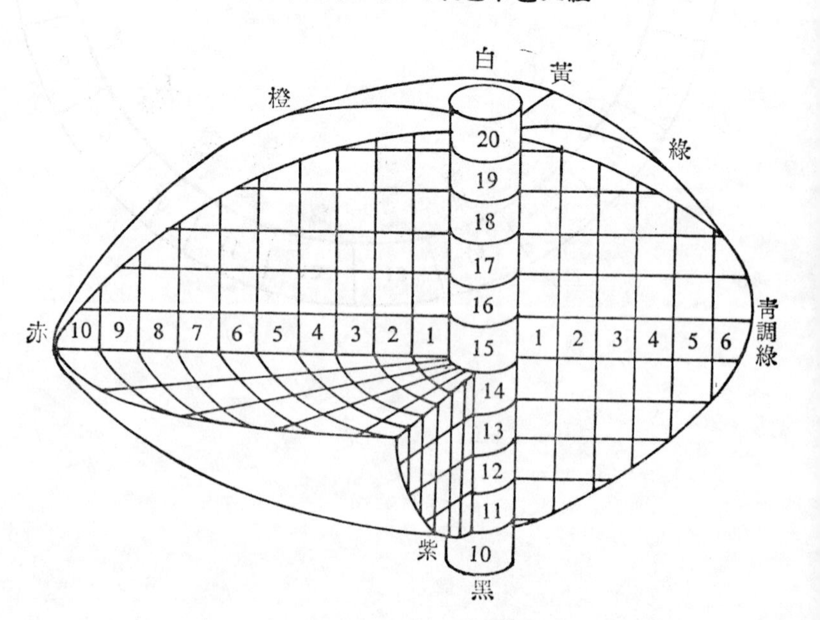

日本色研配色體系

日本色彩研究所新開發的表色體系，一般簡稱爲P. C. C. S (Practical Color Coordinate System)。1964 年以前日本的色彩教育採用前述「色彩的標準」的色彩體系。自 1965 年以後改爲 P. C. C. S。

這個體系專爲便於配色計劃而設計，並採取 Munsell 表色系和 Ostwald 表色系的優點。特別是有關色調（tone）方面的理論，具有很高的實用價值，是實施配色計畫不可缺的色彩體系。

色相的分法:

爲了易於理解，分 12 色相或 24 色相，一般採用的正確分法是 24 色相。（參考36頁色相環圖）

明度階段:

從白到黑分 9 個階段，再細分也可採用 17 階段的分割。明度階段的黑爲 1，按明度順序把灰分爲 2. 4, 3. 5, 4. 5, 5. 5, 6. 5, 7. 5, 8. 5，白爲 9. 5 共 9 階段。這個明度一般以明度高、低等的形容詞表示。

彩度階段:

所有的純色色價都定爲 9 S，再以能夠在視覺上求取等間隔的配列，分爲 8 S、7 S、6 S、5 S、4 S、3 S、2 S、1 S 等順序（共 9 階段）。無彩色的彩度爲 0。這個彩度階段也以奇數值 9 S、7 S、5 S、3 S、1 S 區別，並以彩度高、低的形容詞表示。* S＝Saturation（飽和度）

色調（tone）的分法:

無彩色分爲 5 tone，有彩色分爲 11 tone。詳細如下:

White	(w)		白	無彩色5 tone
Light gray	(ltgy)	ライトグレー	明灰	
Medium gray	(mgy)	メディアム グレー	灰	
Dark gray	(dkgy)	ダーク グレー	暗灰	
Black	(b)		黑	
Vivid	(v)	ビビッド	鮮明	有彩色11 tone
Bright	(b)	ブライト	明	
Light	(lt)	ライト	微弱	
Pale	(p)	ペール	淺(淡)	
Strong	(s)	ストロング	濁	
Dull	(d)	ダル	暗晦	
Deep	(dp)	ディープ	濃	
Dark	(dk)	ダーク	暗	
Ligh grayish	(ltg)	ライト グレイッシュ	弱灰	
Grayish	(g)	グレイッシュ	帶灰調	
Dark grayish	(dkg)	ダーク グレイッシュ	暗(灰)	

V: Vivid	鮮艷
S: Strong	
B: Bright	明
P: Pale	
VP: Very Pale	
DP: Deep	暗
DK: Dark	
Dgr: Dark Grayish	

Lgr: Light Grayish	樸素素淡
Gr: Grayish	
L: Light	
Dl: Dull	
W: White	無彩色
MG: Medium Gray	
BK: Black	
LG: Light Gray	
DG: Dark Gray	

加上 tone 的形容詞稱呼色彩的方法是：鮮艷的赤、暗晦的黃、濃綠、暗紫等。

tone 記號表示色彩的方法是，tone 名加上色相號碼。例如：pale tone 的綠是 P 12，Bright tone 的青是 b 18。

以記號表示色彩的方法：

P.C.C.S 記號表示色彩的方法是，以「色相－明度－彩度」的順序表示。例如V 2（鮮艷的赤）是「2R—4. 5—9 S」。2R是色相號碼，2 號赤的簡稱。

各色相的純色以 P. C. C. S 記號表示，詳細如35頁表例。

日本色研配色體系的 24 色相的純色以 P. C. C. S 記號表示如下：

赤	帶紫的赤	1. pR— 4 —9S	青綠	青　綠	14. BG—4. 5—9S
赤	赤	2. R—4. 5—9S	青綠	青　綠	15. BG— 4 —9S
赤	帶黃的赤	3. yR— 5 —9S	青	帶綠的青	16. gB— 4 —9S
橙	帶赤的橙	4. rO—5. 5—9S	青	青	17. B— 4 —9S
橙	橙	5. O—6. 5—9S	青	青	18. B—3. 5—9S
橙	帶黃的橙	6. yO— 7 —9S	青	帶紫的青	19. pB—3. 5—9S
黃	帶赤的黃	7. rY— 8 —9S	青紫	青紫	20. V—3. 5—9S
黃	黃	8. Y— 8 —9S	紫	紫	21. P—3. 5—9S
黃	帶綠的黃	9. gY— 8 —9S	紫	紫	22. P—3. 5—9S
黃綠	黃綠	10. YG— 7 —9S	赤紫	赤　紫	23. RP— 4 —9S
綠	帶黃的綠	11. yG—6. 5—9S	赤紫	赤　紫	24. RP— 4 —9S
綠	綠	12. G—5. 5—9S			
綠	帶青的綠	13. bG— 5 —9S			

▼日本色研配色體系 (P. C. C. S) 12色相環

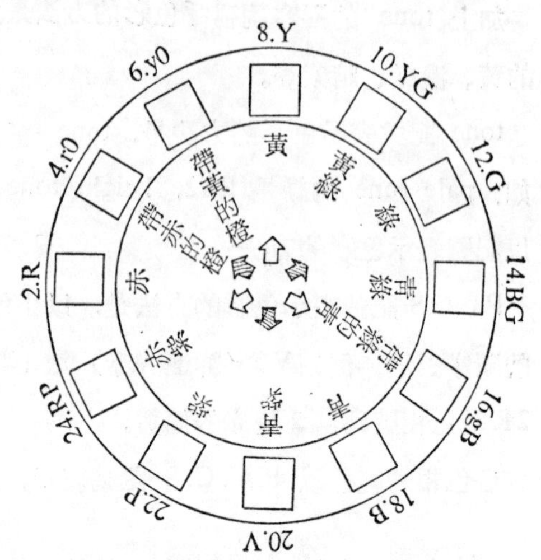

▼日本色研配色體系 (P. C. C. S) 24色相環

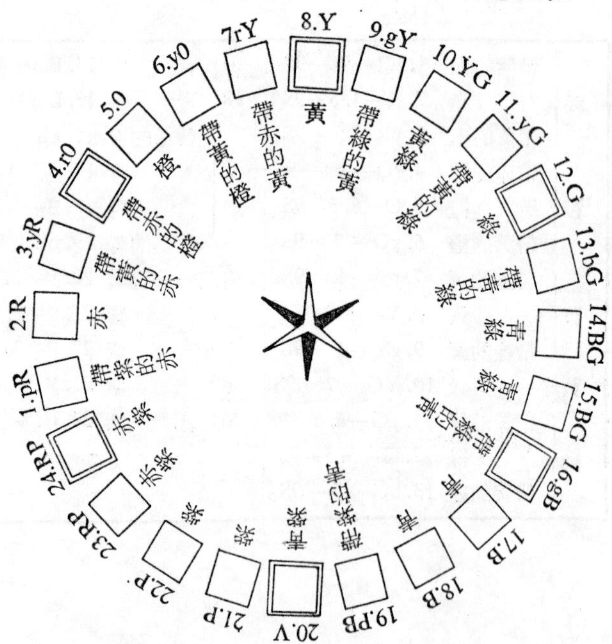

〔註〕：上兩圖中心白箭頭所指三色，係物體三原色。
黑箭頭所指三色，係色光三原色。

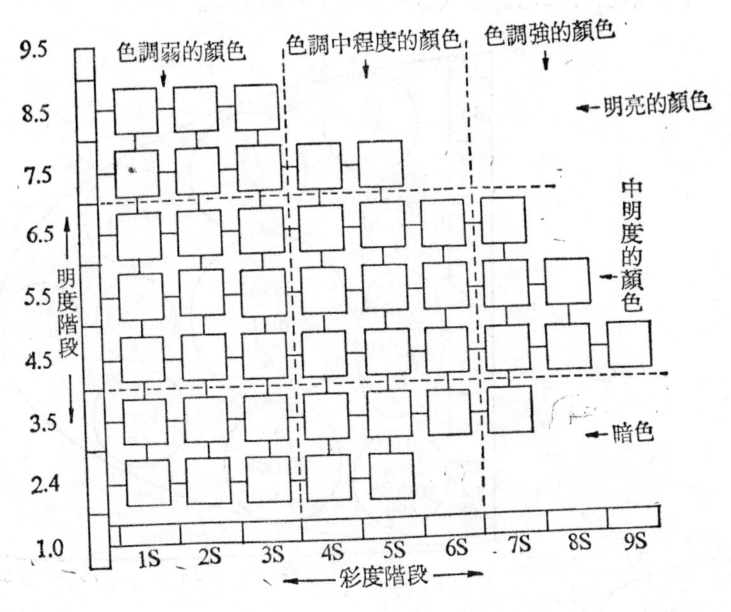

▲日本色研配色體系（P.C.C.S）的明度、彩度平面座標

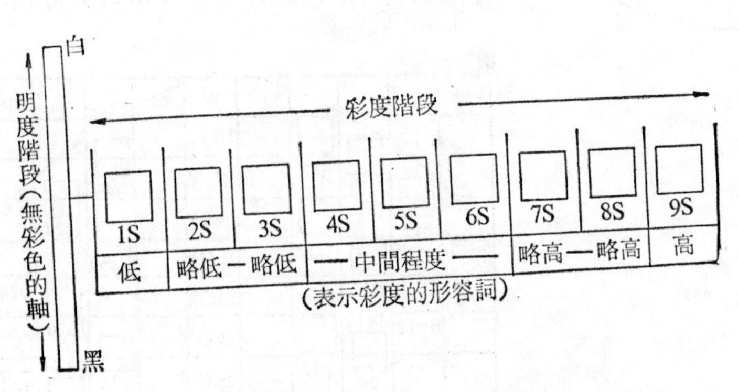

▲日本研配色體系（P.C.C.S）的彩度階段

▼日本色研配色體系 (P. C. C. S) tone的位置和 tone 名

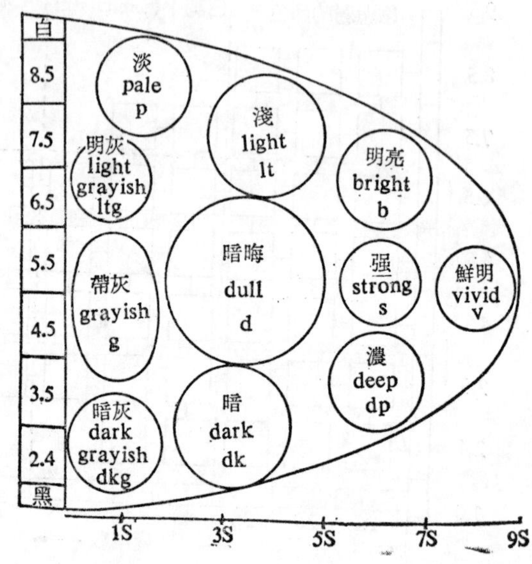

◀Tone 的形容詞及相互關係

▼日本色研配色體系 (P. C. C. S.) 等色相面和 Tone 的位置

濃
12.G 綠
W
24.pR 赤紫
ltGY
p12
p24
lt12
ltGY
b12
mGY
lt24
ltg12
mGY
ltg24
v12
d12
mGY
b24
dp12
dk12
d24
dkGY
v24
g12
dkGY
g24
dk24
dp24
BK

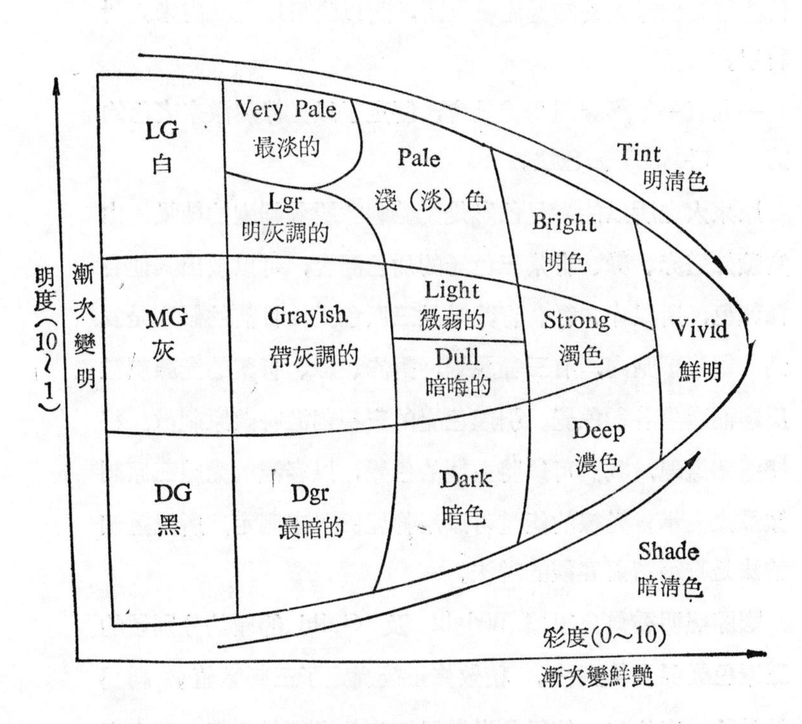
LG
白
Very Pale
最淡的
Pale
淺（淡）色
Tint
明清色
Lgr
明灰調的
Bright
明色
明度（10～1）
漸次變明
MG
灰
Grayish
帶灰調的
Light
微弱的
Dull
暗晦的
Strong
濁色
Vivid
鮮明
Deep
濃色
DG
黑
Dgr
最暗的
Dark
暗色
Shade
暗清色
彩度(0～10)
漸次變鮮艷

▲色調的名稱及位置

(4) CIE 系表色法

表色法有顯色系和混色系兩種。Munsell 系、Ostwald 系和色研體系都是屬於顯色系的色彩表色法，一般顯色系的表色法都是依靠人的知覺比較判斷，所以也可以說是尚未絕對科學。

一九三一年國際照明委員會，制定了以光線刺激來表色的方法，叫 CIE 表色法。

原來人之所以能看見色彩是光線刺激視覺細胞的結果。由實驗知道赤、綠、青紫三色光的加色混合，可以做出其他各種顏色，所以赤、綠、青紫叫做三原色光。目前的假定是我們的視覺細胞內，有三種視覺，對赤、綠、青紫的光線刺激反應而產生各種色覺。引起色覺的三種刺激叫做原刺激。根據這個道理，我們可以將主觀的色覺，以客觀的光線三原刺激量來表示。光線的能量可以用物理儀器來測定，所以這個辦法是較精密而客觀的辦法。

國際照明委員會根據 Wright 及 Guild 的理論分別做的三原色光混合的實驗，稍做修正後規定了三刺激值，稱爲 XYZ。表色時，使用分光儀器測定分光反射比率，再求出 XYZ 的表示值，便可以表示色彩的組織成份。

這個表色法因使用XYZ表示值，所以也叫XYZ系表色法。XYZ雖然可以表示顏色的組織，但是事實上只能看三刺激值，而無法實際知道顏色的樣子。不過，爲了實際顏色的了解，可以進一步求出該色在色度圖上的色度座標位置。43頁圖例爲色度圖上各色的相關位置。

圖中弓線爲光譜上各純色的位置，叫光譜軌跡。直線爲光譜上所沒有的赤紫等色的軌跡，叫純紫軌跡。

所有其他顏色都在此軌跡包圍的範圍之內。各色愈近中央明度愈高，三原色光完全混合的中央部份則爲白色。

使用CIE 表色法不但可以表示色光，也可以表示物體色。這種以光線混合原理的表色方法叫做混色系。

CIE 標準表色法是一九三一年國際照明委員會（Commission Internationale de I'Éclairage=CIE）決定的色光表示法。它是一種混合光線的表色法。也是從物理方面研究出來的測色方法。其理論基礎是：所有的色彩都可以從合成適當比例的各色光三原色而成。再詳細說明如次：

國際照明委員會決定的標準色光三原色是：

X赤　色（R）　700mμ
Y綠　色（G）　546mμ　又名三原刺激
Z青紫色（B）　436mμ

適當混合這三原色可以得到一切的色彩。同時決定三原色的混合比例可以做爲某色的規定標準。三種原色以相同比例混合卽變成白或無彩色，比例不同就變成各種有彩色。由此某色相可以用三種標準色光的混合比例來做較科學的表示。

CIE 標準表色法的方式：選赤（700mμ）綠（546mμ）青紫（436mμ）爲標準的三原色（三單色光）（又名三原刺激）。任意組合這三原色光就可以做出一切的色彩。

43頁圖是將黑體放射的色光變化，根據光譜組織，把它圖形化起來的「色度圖」（黑體放射＝把反射率近零，如炭素的黑體加熱之後，因溫度高低而產生的色光變化。色度圖的構成是，將可視光線的全域色光表示在馬蹄形的曲線上，直線部份是表示色相環上的赤紫。（光譜上沒有的色彩）

根據 CIE 方式的圖解，單色光以及其他的一切色彩都包含在這個馬蹄形狀的曲線內位置。

CIE 是以 X、Y、Z 的記號表示三原色（非實在色）而制定的色光的表色系。日本工業規格稱 X、Y、Z 爲「三刺激值」。（按日本工業規格〔JIS〕也採用 CIE 標準表色法爲日本工業規格的色彩表示法。）

色度圖的縱軸爲 x，橫軸爲 y，假定 $Z = 1 - (x + y)$。

假設：
- x 的最大值 X 爲赤的原色
- y 的最大值 Y 爲綠的原色
- x 和 y 的最小值 Z 爲青的原色

則色度圖上的任何色彩都可以用 X、Y、Z 來（計算）表示。

CIE 方式的色彩表示法是以〔Yxy〕的公式計算表示。其計算方法必須採用分光測定器的測色和分光計算等屬於光學的專門性技術，非一般色彩學的研究範圍，本講義省略。

又彩色電視的螢光幕色彩所採用的色光混合（加法混合）即和 CIE 表色法同樣的道理。

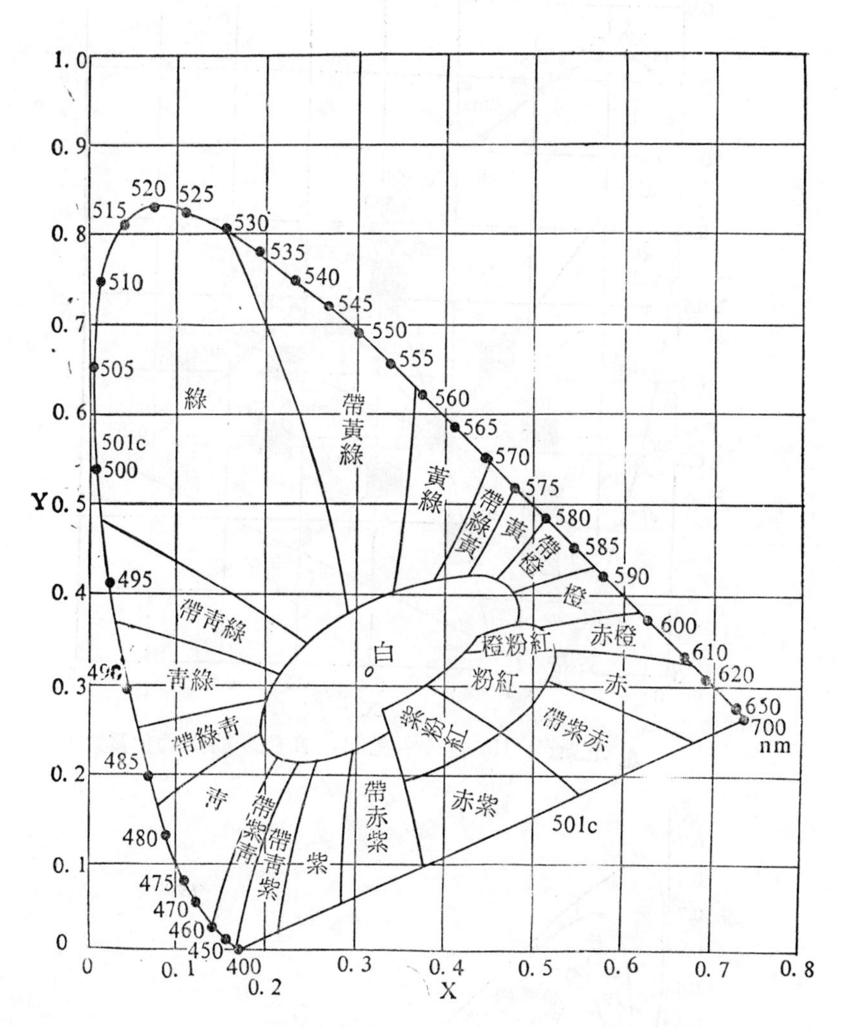

▲色度圖上所表示的三原色和一般色名

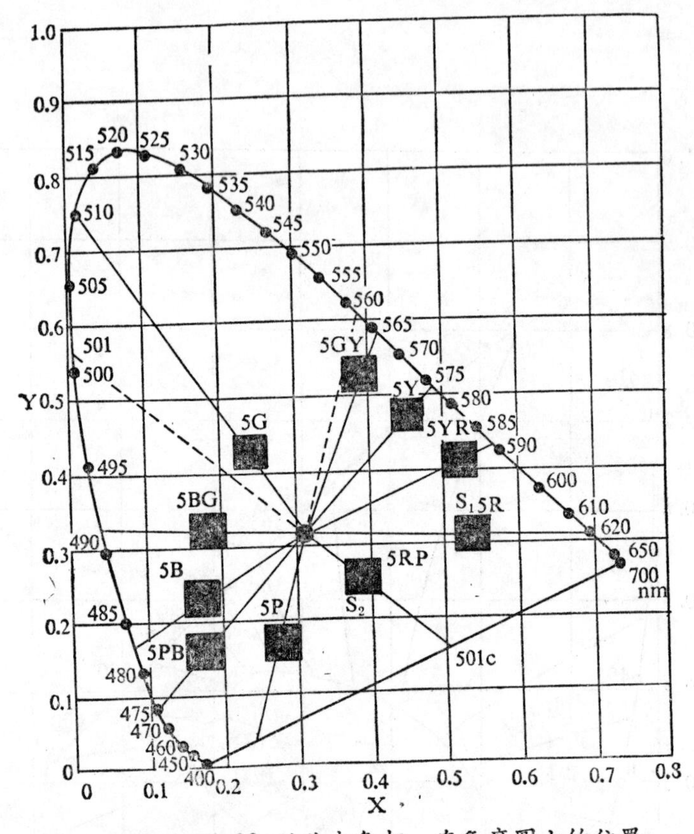

▲Munsell 10 種基本色相，在色度圖上的位置。

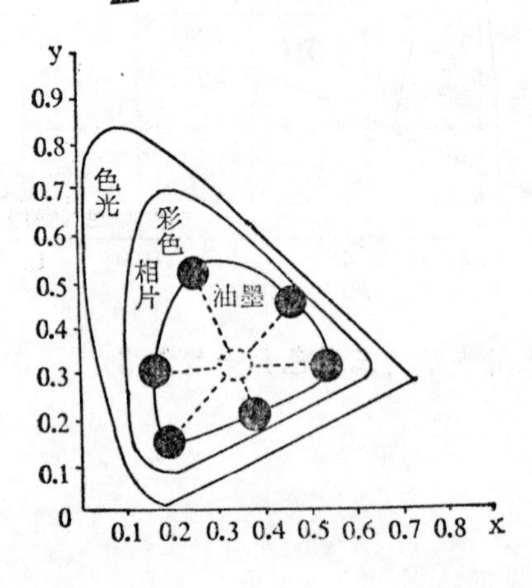

◀色光、彩色相片、油墨等色彩在色度圖上的位置

(5) 色名法

依色名表示色彩的方法，在實用上用得最多。根據色名能想像大體的色彩雖然很方便，但如赤色到底是那一種赤，在種種的赤當中要正確得到指示，實有困難之處。

日本工業規格 JIS Z 8102 制定的「色名」可供參考。它把色名大別爲一般色名和慣用色名。慣用色名是習慣上所用的每個色彩的固有色名。一般色名是經系統化表示的色彩名，也就是在基本色名裏所定的色名加上特定的修飾語來表示。大體的色彩都可依此色名來表示。

先說明基本色名。無彩色的基本色名：「白、明灰色、灰色、暗灰色、黑」。

有彩色的基本色名：「赤、黃赤（橙）、黃、黃綠、綠、青綠、青、青紫、紫、赤紫」。

加於基本色名使用的修飾語有：用於有彩色的明度和彩度的修飾語以及用於色相的修飾語。有彩色的明度及彩度的修飾語：「極淡、明灰、灰、暗灰、極暗、淡、鈍、暗、鮮明、深、艷麗」（如極淡的赤、暗灰綠）

明度和彩度的相互關係如表一。有關色相的修飾語：「帶赤的、帶黃的、帶綠的、帶青的、帶紫的」（例：帶綠的青、帶青的暗灰），其通用範圍如47頁表例。

一般修飾語的順序是，基本色名的前面加有關色相的修飾語，再加有關明度及彩度的修飾語。（如帶赤的暗紫）

慣用色名：如桃色等日本工業規格定有 126 種固有色名。

有彩色的基本色名與Munsell記號

基本色名	Munsell 記號	
赤	5R	4/12
黃赤（橙）	5YR	6/12
黃	5Y	8/12
黃綠	2.5GY	7/10
綠	2.5G	5/9
青綠	2.5BG	4.5/8
青	2.5B	4/10
青紫	10PB	3/11
紫	5P	3/12
赤紫	25RP	3.5/11

（表一）

色相的修飾語

赤調的（帶赤的）

黃調的（帶黃的）

綠調的（帶綠的）

青調的（帶青的）

紫調的（帶紫的）

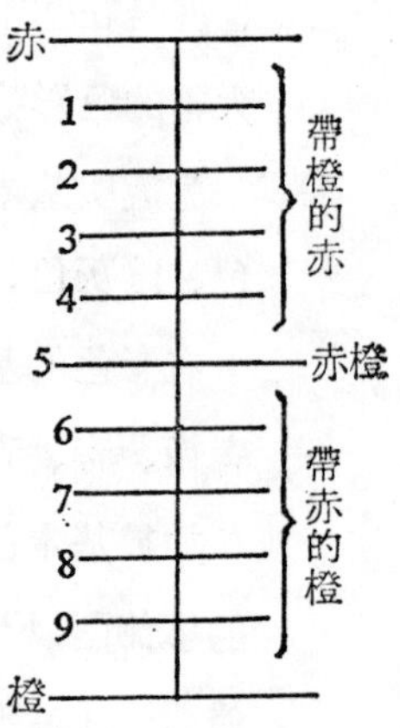

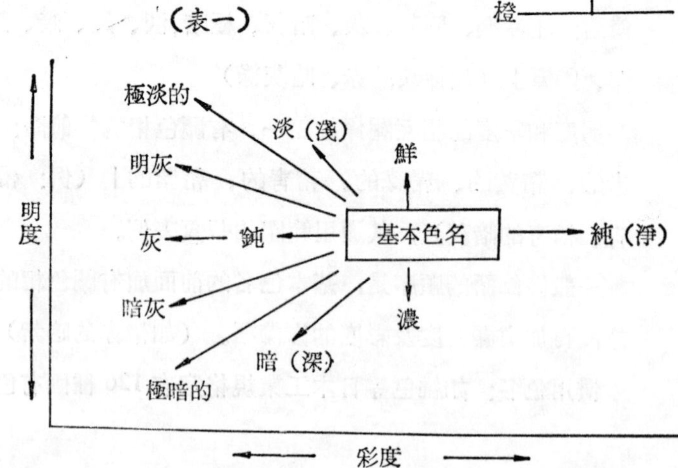

表例：色相的修飾語和有彩色的基本色名及其相互關係

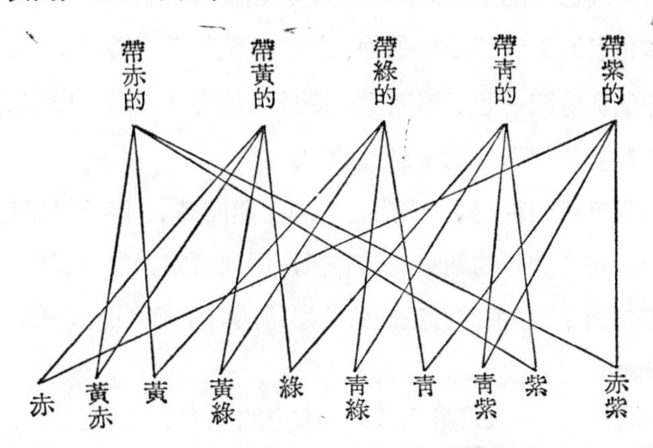

有彩色的一般色名：

（有彩色的一般色名）＝（色相的修飾語）＋（明、彩度的修飾語）＋（有彩色的基本色名）

例：　帶赤的　淡　黃赤

無彩色的基本色名：

白	10
明灰色	9.5
灰色	↑ 5 ↑
暗灰色	1.2
黑	0

無彩色的一般色名：

（無彩色的一般色名）＝（色相的修飾語）＋（無彩色的基本色名）

例：　帶赤的　明灰色

慣用色名：

慣用色名異於色彩體系爲基礎而構成的一般色名。〔一般色名＝（色相的修飾語）＋（明、彩度修飾語）＋（有彩色基本色名）〕大部分爲動物、植物、鑛物名或轉用風俗、地名等隨從時流一起發達而成，因此它的時代考證或由來的研究，都要依賴過去的文獻及遺物。

慣用色名因時流，或決定人的主觀而異，同時慣用色名的性格在於文學的趣味爲其特徵，因此要求精密的規格化反而不自然。必須進行正確的色彩傳達時，可用一般色名、Munsell 記號表示等卽可。

（慣用色名與一般色名對照）

慣用色名	英　文　名	Munsell 記號	一般色名
桃　紅	Cherry	2.5R7/6	帶紫的淡赤色（洋紅）
粉　紅	Baby Pink	6.5R8/4	帶黃的淡赤色
朱　紅	French Vermilion	7.5R5/14	帶黃的赤色
肉　色	Salmon Pink	10R8/6	帶赤的淡黃赤色
黃　丹	Orange Vermilion	10R5.5/13	帶赤的黃赤色
皮膚色	Seashell Pink	3.5YR8/4	帶赤的淡黃赤色
柑子色	Apricot	5YR7.5/11	鮮艷的黃赤色
黃　色	Yellow	4Y8.5/13	純黃色
		5Y8/12	（黃）
象牙色	Lvory	1.5Y8.5/2.5	帶赤的極淡的黃色
草　色		2.5G5/4	鈍綠色
		5GY5/5	帶綠的鈍黃綠色
水　色	Ice Blue	5B8.5/4	帶綠的極淡的青色
天空色	Sky Blue	6PB7/5	帶紫的淡青色
羣青色	Ant Ultramarine	6PB3.5/12	帶紫的純青色

牡丹色	Rhodamine Purple	2.5RP5.5/13	鮮艷的赤紫色
葡萄色	Wineberry	5RP4/4	帶赤的鈍赤紫色
鼠　色	Mineral Gray	N—5	灰色
墨　色		N—1.0	純黑色
櫻花色	Pale Rose	2.5R8.5/2	帶紫的極淡的赤色
薔薇色	Rose	2.5R6/10	帶紫的赤色
紅　色	Rose Carmine	2.5R4/13	帶紫的赤色
(大紅色)		3R4/13.5	帶紫的赤色
赤　色	Red Geranuim	6R5/14	鮮艷的赤色
		5R4/12	赤
朱　色	French Vermilion	7.5R5/14	帶黃的赤色
橙　色	Spectrum Orange	2YR6/14	帶赤的黃赤色
蛋黃色	Apricot Yellow	1Y8.5/8	帶赤的淡黃色
		10YR8/7.5	帶黃的淡黃赤色

三、混色及三原色

1 顏色的混合

一種顏色和另一種顏色混合，叫做「混色」，會變成和原來不同的顏色。

混色有三種不同的方法與結果:

(1) 色光和色光的混色，（又叫加色混合，正混合）

(2) 色點和色點，色線和色線的混合，（中間混合）

(3) 顏料或染料等物體色的混合，（減色混合，負混合）

(1) 加色混合（色光的混合）

數種色光投射到白壁上，混合不同色光，會產生另一種顏色的色光。（56頁圖例）

赤（Red）和綠 （Green） 的色光混合會變成黃色光（Yellow）

綠（Green） 和青紫（Blue） 的色光混合會變成青綠色光（Cyan）

赤（Red）和青紫 （Blue） 的色光混合會變成赤紫色

光(Magenta)

這種色光混合結果，混合赤、綠而產生的黃，比原來的赤或綠明度高。混合綠、青紫而產生的青綠，比原來的綠或青紫明亮。同樣地混合赤、青紫而成的赤紫，也比原來的赤或青紫明度高。

若再混合這些黃、青綠、赤紫等三色光，就會變成明度更高的白色光。

色光的混合，愈加愈明亮。所以稱爲「加色混合」又名「正混合」。

(2) 中間混合（中性混合、並置混合、迴轉混合）

圓形轉盤貼上數種色紙，迴轉會產生另一種不同的混合色，稱爲迴轉混色。

排列數種小色點（細網點）或色線，看起來會變成另一種不同的混合色，稱爲並置混色。（56頁圖例）

這兩種混色的原理是，從色紙反射出來的各個色光，同時刺激眼睛的網膜，而感覺成另一種混合色，是一種網膜裏的色光混色。（色光在網膜裏的混合現象）

這種混色的結果是，迴轉赤和綠的色紙，會看成黃色。並置紫和赤的小色點，會看成赤紫色。是屬於一種色光的混合，色相的變化和加色混合相同。但唯一不同的地方是，加色混合時，混合色的明度是兩種混合色的色光明度加起來的明度，因此要比最初的任何顏色的明度都較明亮。

而迴轉混色和並置混色，則變成混合色的平均明度，所以又叫做中間混合。印刷三色版的網點並列混色，就是應用這種原理。

(3) 減色混合（色料的混合，負混合）

混合數種顏料或染料，或重疊不同顏色的色玻璃或透明色紙，就可以透視到另一種混合色。

例如：赤紫和黃變赤。　　青綠和赤紫變青紫。

黃和青綠變綠。

這種混合色比任何一種原色都暗，同時彩度也降低而變濁。

又混合赤、綠、青紫會變成暗灰色。此種顏料或顏色玻璃等物體色，愈混合愈暗，所以叫「減色混合」，又名「負混合」。（56頁圖例）

印刷上重刷透明色料（透明油墨）也是應用減色混合的一種混色方式。

網點製版印刷…………中間混合

套色印刷＼
　　　　　＞……………減色混合
絹印　　／

2　三原色

(1) 色光的三原色

以適當的比例混合赤、綠、青紫三種色光，可以做出大部分的任何顏色。同時這三種色光無法以混合其他任何色光做出，所以又叫做色光的三原色。（彩色電視的三原色）

色光的原色，一種比兩種，兩種比三種愈混合明度愈增加，故又叫做加色法的原色。

以適當比例混合色光三原色，可以產生如次的顏色。

赤＋綠 ➺ 橙、黃、黃綠的純色

綠＋青紫 ➺ 青綠、青的純色

青紫＋赤 ➺ 紫、赤紫的純色

赤＋綠＋青紫 ➺ 白、各色相的淡色

(2) 物體的三原色

混合色光三原色時，赤和綠產生黃，而顏料的混合則變成黑濁色，又相反的顏料的黃，卻無法用其他的顏料混合出來。

用顏料、染料或顏色玻璃的物體色雖然無法做出如色光三原色的混合結果，但物體色的赤紫（洋紅、M）青綠（青、C）黃（Y）三色，以適當比例混合卽可以做出許多不同的顏色，因此這三種顏色稱爲物體的三原色。（印刷油墨的三原色）

物體三原色愈混合變愈暗，所以又叫做減色法的原色。

物體色的三原色各以適當比例混合可獲得如次各色。

赤紫＋黃 ➺ 赤、橙的純色和濁色

黃＋青綠 ➺ 黃綠、綠的純色或濁色

青綠＋赤紫 ➺ 青、青紫、紫的純色或濁色

赤紫＋黃＋青綠 ➺ 黑灰色，各色相的暗濁色

就原色（一次色）來講，混合原色而產生的顏色叫間色（又名二次色）。加色法三原色和減色法的三原色，各成相反的顏色。這個原理也是利用於彩色相片和彩色製版印刷的原理。（56頁圖例）

(3) 補色

混合兩種顏色而產生的混合色，變成白（色光）或黑（顏料）時，該兩色稱爲互成補色。補色是一切有彩色都有，因此補色的組合可以說是無數的。

色光和物體色的三原色雖然不同，而其補色關係卻完全一樣。
色光的補色，相混合變白（無色）。
物體色的補色，相混合變成灰或黑。

圖例是補色色環。色環上相對的兩色互爲補色關係。Munsell 及 Ostwald 表色系的色相環，都是補色色環。而日本色彩研究所表色系則不同。（但一九六四年修正後的色研配色體系（P. C. C. S）的表色系色相環，是補色關係的色環）

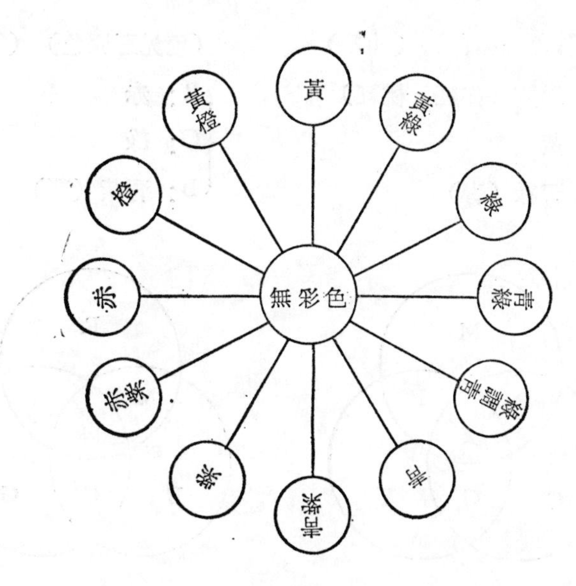

▲補色色環

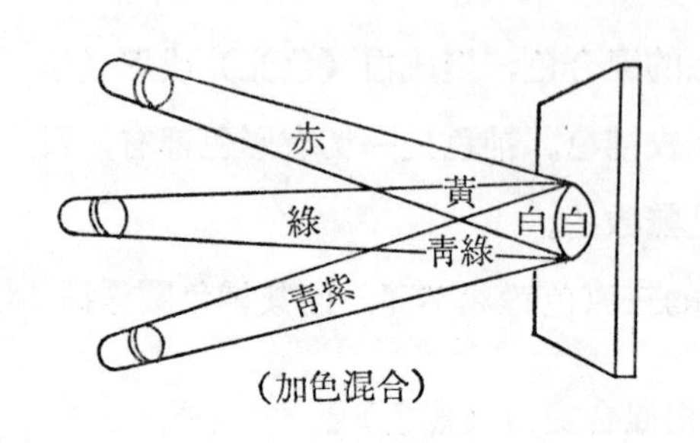

(加色混合)

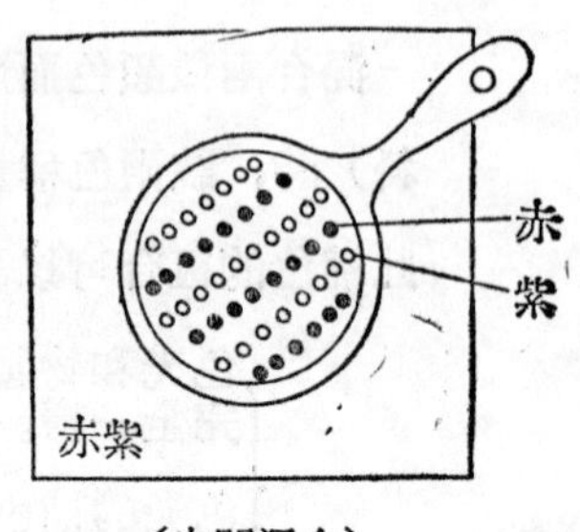

(中間混合)

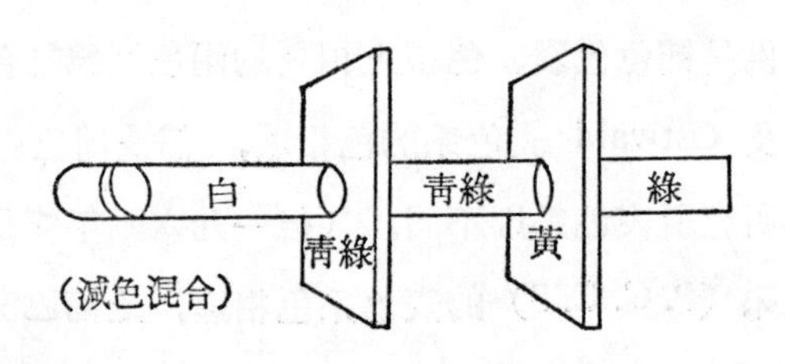

(減色混合)

(物體色三原色)(油墨)

M: 赤紫(洋紅、桃紅)
Y: 黃
C: 青綠(青)

(色光三原色)(電視)

R: 赤
G: 綠
B: 青紫(藍)

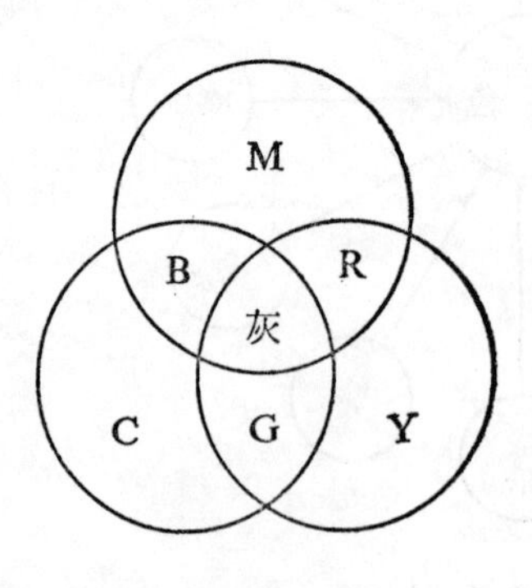

(物體三原色)

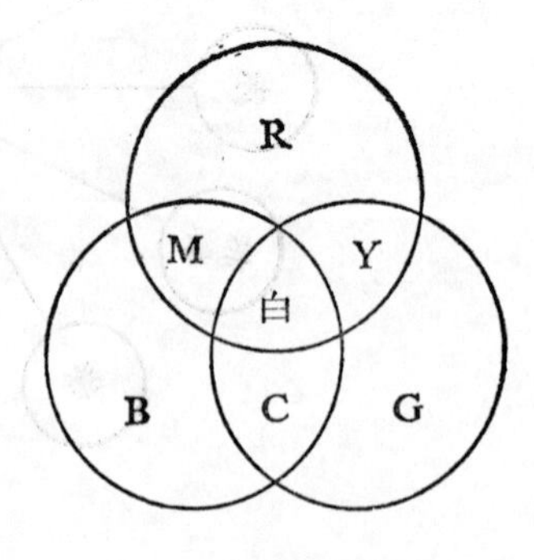

(色光三原色)

四、色彩的知覺

1 色彩對比

我們看見顏色，很少情形是只看一種顏色，而是同時看到周圍的許多顏色，因此許多看起來的顏色和本來的顏色會有不同的變化。

又，暫時先看某一顏色後，再看另一顏色，會受到先看顏色的影響，感覺後看顏色會有不同的變化。

這是某色受到另一顏色的影響，看起來和單獨觀看時不一樣的現象。叫做色彩的對比。

色彩的對比可分爲在時間上同時看見兩種顏色而起的同時對比，以及繼續觀看其他顏色而起的繼續對比。

(1) 同時對比

同時觀看並排的兩種顏色紙時，因兩色互相影響結果，和分開個別看時會產生不同的效果（顏色）。

例如，同明度的灰色放在白地上和黑地上，其結果是令人感覺白地上的灰較暗，而黑地上的灰較明。

也就是說，並排不同明度的兩色時，明色看起來更明，而暗色則顯得更暗。叫做明度對比。

同樣地，橙色放在赤地上和放在黃地上時，赤地上的橙看起來帶黃，而黃地上的橙卻相反地變成帶赤的橙。而感覺不出是同樣的橙。

這樣並排不同色相的兩色時，兩色的色相都會令人看成色環上相反方向的色相。叫做色相對比。

又，彩度高的鮮艷顏色和彩度低的濁色並排時，鮮艷的顏色顯得更明亮，而濁色看起來變成更灰暗。這是叫做彩度對比。

同樣的灰色放在赤或綠上時，赤上的灰看起來帶綠，而綠上的灰會帶赤。這是因爲赤及綠的各個補色影響灰色所致。尤其是並排赤及綠或黃及青等補色關係的顏色時，彩度會互相大大增加，看起來顯得更鮮艷。這一種情形，叫做補色對比。

(2) 繼續對比

先注視某一顏色後，再看其他的顏色時，後看的顏色受到先看顏色的影響會有不同的變化。

例如，先看黑地上的圓形的綠色，再把眼睛轉看白地上，白地上會很清楚地呈現圓形的赤色。這種現象稱爲殘像。

前面所看的顏色的補色的感覺會接着出現，顏色的明暗卻相反。因此，先注視某色，再移視他色時，後看顏色和前看顏色的補色看起來會以加色混合顯現。而在明度方面卻先看顏色和後看顏色的明度差會感覺更大。

2 色彩的順應性（習慣性）

我們的眼睛對於光的刺激會有習慣性。例如從明亮的戶外突然進入到黑暗的電影院時，暫時會感覺一片漆黑，什麼也看不見，待一會兒才漸漸看見周圍的事物。這是眼睛對於黑暗的習慣性所致，叫做暗順應。一般暗順應需要較持久的時間。

和這種現象相反的知覺是，從黑暗的地方突然跑到明亮的環境時，眼睛會感覺刺眼而不敢正視，後來才漸漸恢復正常的視力。這種對於明亮度的習慣性叫做明順應，而它的時間卻較短。

又如暫時注視鮮艷的顏色時，一會兒就會感覺到該色的鮮艷度漸漸地降低，這是眼睛對顏色的習慣性所致，叫做色順應。

例：傍晚看書，在打開電燈的時候，書的紙張會感覺帶有黃色調，過一會兒又會感覺到紙張還是白的。這是因爲本來眼睛是順應傍晚的青白色自然光，而感覺電燈光是黃色調，後來眼睛順應了電燈的黃色光而不感覺紙張是黃的了。

色彩的對比現象，也因這樣眼睛對色彩的順應性而引起不同的結果。

3 色彩的恒常性（色彩的本性）

有顏色的物體，以光線照射時，我們對於物體的顏色和照射的光線，會分別產生不同的感覺。

例如，放在昏暗場所的白紙儘管要比放在太陽光直射下的木炭，它的反射光量要少，我們還是感覺紙是白而木炭是黑。這是因爲，並不是我們的眼睛的感覺到光量的多少問題，而是某物和它的周圍環境比較起來反射了多少的光線而感覺到的光的反射率現象。白紙無論放在什麼地方，都要比周圍的東西明亮所以感覺白，而木炭不管放到什麼地方都要比周圍的東西暗，所以感覺黑。這種現象叫做明亮度的恒常性作用。

又如赤光照射白紙或黃紙時，應該是白紙變紅，黃紙看起來是橙色才對，但是實際的現象是，白紙或黃紙和赤光各別觀看，因此感覺白紙還是有它的白，而黃紙也還是有它的黃存在。

這樣，對於照明的光線來講，有顏色的物體看起來還是保有它的固有色調，這種現象稱爲顏色的恒常作用。

4 色彩的認視度（明視度、能見度）

白紙上寫黃字，以及寫黑字，比較起來不用說白紙上的黑字看得更清楚而明顯，白紙上的黃字卻不容易認讀。如此形象明顯而清楚時，叫做認視度高，相反地不容易看清楚時叫做認視度低。

物體要看得清楚，受照射光的明亮度以及該物體的大小影響，是不用說的道理，假如這兩種條件相同的時候，它的形象是否看得清楚，就要看它的形象和背景顏色的關係如何而定。

即物體形象的顏色，以及和背景的地色之間的對比強弱，會左右它的認視效果。

此時尤其重要的是圖形色和地色的明度差，假如圖形色及地色之間的色相不同、明度相似的時候，其兩者的界限必模糊而看不清楚。相反地雖然是同樣色相的顏色，若是明色和暗色的配合，就可以看得非常明顯。

根據實驗結果，認視度高的顏色，也就是容易分辨的配色，以及認視度低的顏色，也就是不易看清楚的配色，以純色及黑白灰三種無彩色按其認視度的順位排列如下表。

這種色彩的認視度問題，在海報或招牌設計，要決定它的配色時，是非常重要的課題。

容易看清楚的配色
(明視度高的配色)

順位	1	2	3	4	5	6	7	8	9	10
地色	黑	黃	黑	紫	紫	青	綠	白	黃	黃
圖色	黃	黑	白	黃	白	白	白	黑	綠	青

不容易看清楚的配色
(明視度低的配色)

順位	1	2	3	4	5	6	7	8	9	10
地色	黃	白	赤	赤	黑	紫	灰	赤	綠	黑
圖色	白	黃	綠	青	紫	黑	綠	紫	赤	青

5 醒目的色彩（注目性）

在很多的顏色當中，某色是否特別醒目，也就是色彩的注目價值，雖然和認視度具有相似的性質，但也並不完全一致。

例如赤和綠的配色，認視度雖然低，但就如萬綠叢中一點紅所形容，在周圍色的調子當中配上完全異樣的色彩時可以得到非常醒目的效果。

相反地，黃色及黑的配色雖然認視度很高，但假如招牌或標誌全部採用這類配色的話，必定變成不醒目了。

這一種色彩的注目價值，除了容易看清楚以外，該色所處的環境或使用目的都有影響，對於附近的色彩具有特異性，而對比強烈的配色就非常醒目。

一般而言，從色調的傾向來看，明亮的顏色、彩度高的顏色、暖色系的顏色，要比暗的色彩、彩度低的色彩以及寒色系的色彩具有較高的注目價值。

尤其是鮮艷的紅色吸引觀者的注意力特別強，多使用於需要特別醒目的危險信號或消防車的顏色。

一般色相中醒目色彩的高低順序如下：

〔黃調的赤、赤、橙、黃、黃綠、青、綠、黑、紫、灰。〕

醒目配色法：(1) 和背景色的明度差要大 ⎫ 就可增加醒目效果。
(2) 配合補色關係的兩色相 ⎭

6 色彩的進出及後退（前進與後退）

注意照耀於夜空中的霓虹燈，同樣是使用於點滅的各種顏色，紅色看起來近如眼前，青色則遠退後面。

這一種從同一距離看起來會突出前面的顏色叫做進出色，引退到後面的顏色叫做後退色。

一般來講， 赤、 橙、 黃等暖色系的顏色是屬於進出色。青、青綠等寒色系的顏色是屬於後退色。

以明亮度來看，明色看起來是進出，暗色看起來是後退。

因此，狹小的室內，要使它看起來寬大，就應該用青系統等略暗色的壁面，而太高的天花板，要顯得低一些就可塗裝冰淇淋系的明亮色彩。

平面設計時，適當使用進出色及後退色，也可以使色彩具有距離感的效果。

7 色彩的膨脹及收縮

如進出色看起來會靠近的顏色，又因它的膨脹性質看起來要比實際大些，所以又叫膨脹色。

如後退色看起來會遠離的色彩，因收縮性的關係看起來比實際要小一點，所以又叫收縮色。

即，暖色以及明亮的顏色看起來大，寒色及暗色看起來小。注意報紙或雜誌的文字設計，可以發現白紙上的黑字看起來小而黑紙上的反白字看起來較大。這是因爲白具有膨脹性，而黑具有收縮性所致。

一般設計的配色，赤系統的顏色面積可以小一點，而青系統的顏色可以用較大一點的面積，比較容易獲得色面的平衡效果。

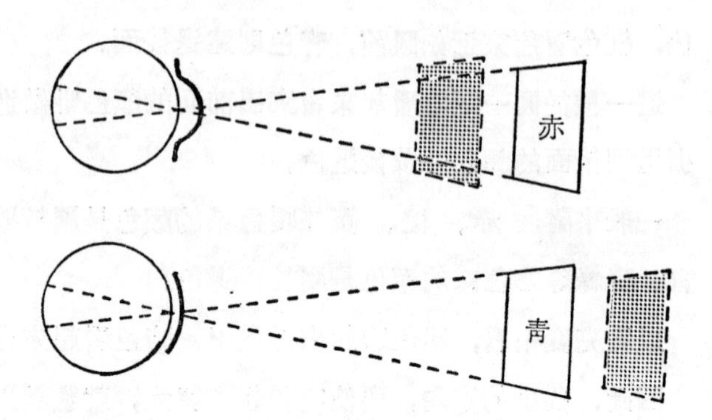
赤
青

五、色彩的感情

1 隨伴色彩而起的感情

色彩會使觀看的人引起種種的感情作用。這種感情是因觀看者的主觀因素而起，也有不少是因為個人的差異而不同，同時也有一般性的共通的一面。

研究設計的色彩應用，必須考慮這些引起觀看者感情的效果，選擇適當的色彩。

(1) 興奮的顏色與沉靜的顏色

如赤、橙、黃等純色會引起觀看者的興奮感，稱為興奮色。

如青綠、青等純色會有沈靜感，稱為沈靜色。

但，這些顏色彩度變低時，它的興奮性和沈靜性都會減少。

綠和紫色，不具興奮性，也無沈靜性，是屬於中性的顏色。

此外，白及黑以及彩度高的顏色，會給人緊張感。灰色及彩度低的顏色，會給人舒暢的感覺。

要表現華麗的強力感覺，可用赤系統的顏色，表現高尚穩重的效果，則可用青系統的色彩。

(2) 暖色和寒色

使人想起如火一樣熱的赤，以及橙、黃等的顏色，會使觀看者產生溫暖感，所以稱爲暖色。

使人想到如水一般冷的青或青綠色，會使觀看者覺得寒冷，稱爲寒色。

綠及紫不暖也不冷，是屬於中性的顏色。

無彩色的白是冷，黑是暖，而灰則與人中性的感覺。

一般衣服的顏色，夏天用寒色系，多天用暖色系。

背光的房間（北面）晒不到陽光，牆壁可用淡淡的暖色，而南面直射光的房間，可用淡青等寒色，以色彩的寒暖感調節實際的寒暖感。

(3) 輕的顏色與重的顏色

色彩有看起來感覺輕的顏色和感覺重的顏色。

這種現象主要是因明度的關係。明亮的顏色感覺輕，暗的顏色感覺重。

明度相同的顏色，則彩度高的顏色，比彩度低的顏色感覺輕。

服裝設計的配色，明色用於上部，暗色用於下面，就會有安定之感。若要有動態的效果（表現動感）就得相反地明色在下，暗色在上。

(4) 華麗的顏色與樸素的顏色

顏色有令人感覺華麗的顏色和感覺樸素的顏色。

一般來講，彩度愈高愈覺華麗，彩度愈低卻愈有樸素之感。

明度方面的情形是，明度高的顏色較華麗，暗的顏色則感覺樸素。

白、金、銀感覺華麗，黑則因用法而感覺華麗或樸素。

兩色以上的配色，用色相差大的純色或白、黑，而有明度差的對比時，就會有華麗之感。

暗而彩度低的同類色的配色，會有樸素之感。

(5) 爽快（陽氣）的顏色和憂鬱（陰氣）的顏色

在陽光充足的明亮房間，會有輕快高興的氣氛，在光線不足的陰暗地方則會有冷冷清清的憂鬱之感。面對色彩也會有這種感情產生。

如赤、橙、黃等暖色爲中心的純色或明色，看起來就會有爽快的氣氛。

看到如青或青綠等寒色或暗濁色就容易產生憂鬱感。

即，所謂陽氣或陰氣的感覺，是隨件明度的明暗、彩度的高低和色相的寒暖感情而產生。

無彩色的情形是，白和其他的純色組合就有爽快之感。黑具有憂鬱感。而灰色是屬於中性的效果。

(6) 柔和的顏色和堅固的顏色

帶白灰調的明亮濁色，具有柔和之感，所謂的粉彩色就是。

相反地，純色或帶黑的暗色，會令人感覺堅固。

柔和或堅固的感覺，和明度及彩度有密切的關係。明濁色柔和，彩度高的純色或暗清色則感覺堅固。

明清色及暗濁色，卻不屬於任何一方。

無彩色的白及黑是堅固，而灰是柔軟。

(7) 明色及暗色

顏色的明暗感覺和明度有密切關係，明度高的是明色，明度低的顏色則感覺暗。

但是，顏色的明暗感覺，並不一定和顏色的明度有相對的關係。

比較青及青綠的純色結果，青綠的明度雖然較高，青色感覺是明色，而青綠感覺卻是暗色。

又如白及黃和其他顏色並排時，黃色感覺較明。

明亮感的顏色：赤、橙、黃、黃綠、青、白

黑暗感的顏色：青綠、紫、黑

中性的顏色：綠

2 色彩的聯想

我們看到某種顏色時，對某種顏色很容易想起和它有關連的一些事物。稱爲色彩的聯想。

這種對於色彩的聯想，多由從前的經驗、過去的一些記憶、以及知識所引起。

它也因觀看者的國民性或年齡、性別而異，同時個人的差異也很大，並且受生活環境左右的地方也不少。

不過，就一般來看，也有它共通的聯想。同時還可以分爲具體的聯想及抽象的聯想。

據調查（塚田調查）幼少年時代對身邊的動植物、食物、風物、服飾品等的顏色，有關的具體聯想較多。到了成年以後和社會生活有關連的抽象觀念的聯想變多。

下面資料是日本色彩學家塚田以及作者所做的調查，一般人對於色彩的聯想，分具體的和抽象的結果統計：

色彩的具體聯想

	小學生（男）	（女）	青年（男）	（女）
（白）	雪、白紙	雪、白兔	雪、白雲	雪、砂糖
（灰）	鼠、灰	鼠、陰	灰、水泥	陰、多空
（黑）	炭、夜	毛髮、炭	夜、雨傘	墨
（赤）	蘋果、太陽	洋裝	紅旗、血	口紅、紅靴
（橙）	桔子、柿子	桔子、人參	桔子水	桔子、磚瓦
（茶）	土、樹枝	土、巧克力	土	栗子、靴子
（黃）	香蕉	菜花	月、小鷄	檸檬、月亮
（黃綠）	草、竹	草、葉	草、春	葉
（綠）	樹葉、山	草	樹葉、蚊帳	草
（青）	空、海	空、水	海、秋空	海、湖
（紫）	葡萄	葡萄	袴腰	茄子、藤

色彩的抽象的聯想（青年、男）

（白）清潔、神聖	（橙）焦燥、可憐	（綠）永遠、新鮮
（灰）陰氣、絕望	（茶）涉味、古風	（青）無限、理想
（黑）死滅、剛健	（黃）明快、潑刺	（紫）高貴、古風
（赤）熱情、革命	（黃綠）青春、和平	

色彩的聯想

(具體聯想)		(抽象聯想)
(赤)	血、火、救火車	熱情、溫暖、危險
(橙)	橘子、晚霞、柳丁	溫和、高貴、活力
(黄)	香蕉、木瓜、黃花	色情、妖艷、想、清亮
(綠)	草、樹葉、樹	舒適、生長、清新、茂盛
(青)	海洋、藍天、水	輕爽、涼快、開朗
(紫)	葡萄、茄子、紫菜湯	高貴、神秘、高雅
(白)	雲、雪、鹽	純潔、光明、空洞
(灰)	老鼠、水泥、馬路	死亡、失望、消極
(黑)	頭髮、木炭、晚上	恐怖、髒、恐懼

調查對象：世新印攝三、二(男)

調查日期：67年5月29日(作者調查)

3 色彩的象徵

色彩的聯想對多數人具有的共通性，和傳統結合而成爲一般化之後，如同某色會表示特定的意義一樣，色彩會有象徵的表象。

色彩的象徵有世界的共通點，也因民族的習慣而不同。

例如赤：是火的顏色，表示熱情。因爲是血的顏色，也表示愛國的精神及革命。在西洋紅色因和被稱爲基督的血的葡萄酒的顏色一樣，而表示聖餐、祭典。

又因表示危險的意思而用於交通標誌及號誌的停止的顏色，或用於消防車的顏色。

此外在西洋同樣赤系統的濃赤色則表示嫉妬、虐暴的意思而成爲惡魔的標誌。相對地粉紅色則表示健康。

在中國，自古紅色表示大吉大利，凡喜事、慶典都離不開紅的顏色。臺灣的計程車多喜用紅色，就是最好的例子。

黃：在中國是古代帝王的顏色而禁止一般百姓使用。在古羅馬時代黃色被認為是高貴的顏色，在基督教因猶太人的衣服是黃色，致使歐美人認為黃是最下等的顏色。黃色電影、黃色小說等的黃色由來是否與此有關則不得知。

綠：是大自然的草木顏色，因而有自然、生長的意思，同時也表示人世間未成熟的事物。在西洋，綠也表示嫉妬的惡魔。此外，在一般綠又用於和平及安全的表象。

青：是幸福的顏色，表示希望。在西洋有所謂青血，表示名門的血統，因此青表示高貴的身分。在東方青年、青春表示年輕的新一代，是人生的黃金年代。

紫：是高貴莊重的顏色。從前中國及日本在衣服顏色表示階級的時代，紫色是最高位的顏色。在日本現在各種儀式的佈置也還用紫色的布幕。在西洋希臘時代紫色用於國王的服裝。

白：表示純粹、潔白、表示和平及神聖的顏色。在日本神宮及僧侶穿白服，在顏色表示階位時，白是天子服裝的顏色。在中國或印度，有白象、白牛，代表喜事與神聖。黑白之爭是善惡之分的意思。白是潔白的善的意思。又白是沈默的反面表白的意思。自由或自白書就是。又白旗表示投降。

黑：是不古的顏色，惡的意思，表示沈默或地獄。在西洋黑就是惡的表象。

此外在東方的中國或日本自古就以顏色表示方位，如東是青、南是朱、中央是黃、西是白、北是玄（黑）。又在西洋基督教的節目也用顏色表示。橙是萬聖節前夜祭，茶是感恩節，赤及綠是聖誕節，黃及紫是復活節的象徵。

4 色彩的喜好與嫌惡

決定設計作品的色彩時，那一種顏色較受一般人喜歡，或者嫌惡、討厭，最好事先能够知道，才能完成最受歡迎的有效作品。

人對色彩的喜好與嫌惡，因民族性、男女性別、年齡階層、教育程度而有不同的差異，同時個人的趣味或性格也會有不同的影響。

不過將這些調查統計的結果，也可發現在各個階層具有共通的傾向。根據塚田所做日本人對於色彩的喜惡調查結果如下:

色彩的喜惡									
喜歡	黃 40	綠 35	橙 29	紫 27	赤 25	白 25	青 23	黑 6	灰 5
不喜歡	灰 43	黑 36	赤 21	青 18	紫 16	綠 14	白 12	黃 7	橙 3

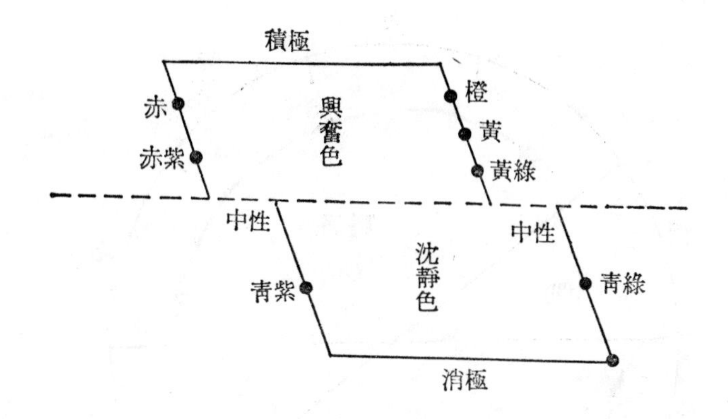
積極
赤
赤紫
興奮色
橙
黃
黃綠
中性
中性
沈靜色
青紫
青綠
消極

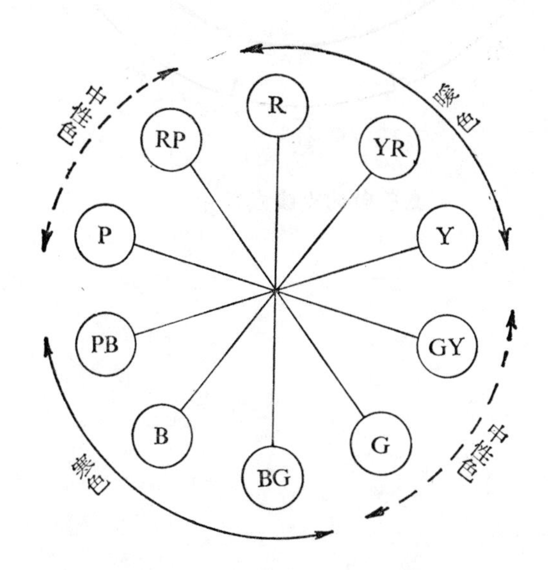
R
RP
YR
P
Y
PB
GY
B
G
BG
中性色
暖色
中性色
寒色

▲暖色、寒色、中性色範圍

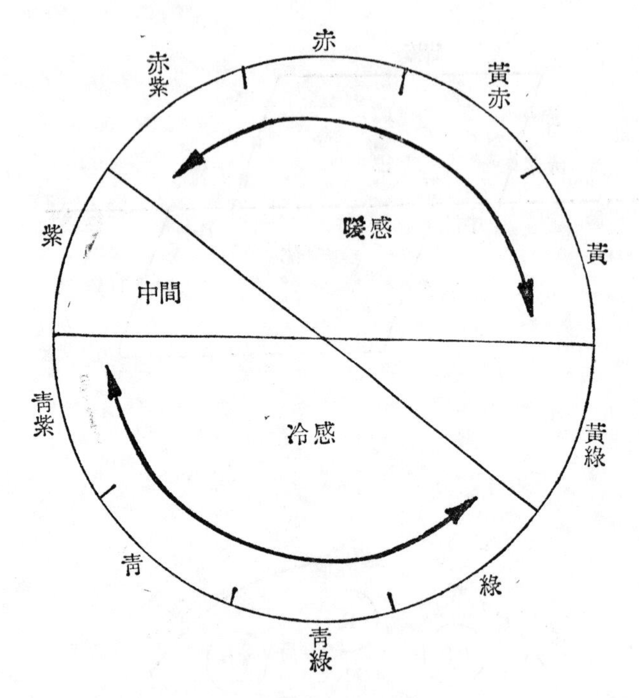

▲色彩的冷暖感區分

六、配色及調和

1 配色的美

設計作品的美，在於形態、色彩及材料的美，綜合而產生。

但，一般看到設計作品的瞬間，首先訴求於眼睛的是色彩的配合效果，也就是配色美的問題。

採用同樣的材料，做成同樣的形狀，而配色不同，就會有華麗、樸素、明亮、黑暗、強烈、柔弱、暖和、寒冷等，種種不同的感情效果。同時由於配色的調和或不調和，就會給觀眾產生愉快或不愉快的感覺。

實際上，任何一種顏色，並沒有美的顏色或不美的顏色之分，而是兩種以上的顏色配放在一起時因比較結果，顏色才因配色效果而產生好或不好、美或不美的差別。

此外，所謂配色的效果，也另有種種不同的要求，如要求醒目，爲了刺激、獲得穩靜等等因設計對象、目的與機能而不同，而上述配色美是切不可忽視的最重要課題。

配色給人好感時該色就可稱爲調和。如「調和就是秩序」所形容，配色的美在於是否得到變化中的統一，也就是顏色調子的類似性的統一以及反對性的變化，能否獲得適度的均衡效果。

所謂類似性是色相或明度或彩度相似時就成爲融和的穩靜（安穩）調子。

而反對性是色相或明度或彩度不同時，就成爲對比的明快調子。

類似性過分時就產生單調而鈍拙的效果。

反對性過強時就容易成爲沒有歸齊的不協調結果。

當然，顏色的調和不單是顏色與顏色的組合問題而已，是顏色的面積、形狀、材質感等一起表現出來的效果，因使用目的的不同也有異，設計時必須將這些綜合起來一起計畫色彩是不用說的了。

2 配色調和論

分析形成彩色世界之美的配色秘密，藉以發現調和色的研究，很早就開始。

文藝復興期的巨匠達文西，在當時就採用一種有理論的色彩調和法，配置一種強烈的對比色獲得很好的效果。

德國詩人 Goethe (1749-1832) 曾做色彩研究，發表一種配色調和論，認爲最佳配色是色相環上的反對色的調和。

十九世紀法國的 M. E. Chevreul (1786-1889)是研究色彩對比現象的第一位著名人物，發表了根據對比現象的配色調和論，不單從色相，更從明度、純度的關連研究配色問題，成爲以後配色調和論的發展根底。

現代的配色調和論有發展Chevreul理論的法國Beaudeneau的色彩調和論、以 Munsell 色彩體系為基礎的 Graves 的級數調和論等。在設計方面現在利用最多的是歐士互洛(Ostwald)系的配色調和論和曼綏魯（Munsell）系的夢・斯倍沙（Moon・Spencer）的配色調和論，下面介紹這兩種內容。

(1) 歐士互洛（Ostwald）的配色調和論

前面介紹了歐士互洛創立的獨特的色彩體系，他又根據這個體系發表配色的調和論。這個理論後來在設計方面被採用而廣泛普及，原因是由於美國 C.C.A 紙器公司為了建立設計政策刊行 Color Harmony Manual（1948, 3訂 3 版）而開始。歐士互洛認為「調和等於秩序」。配色要獲得調和，顏色的關係必須以系統的法則組合才成。

其配色調和的主要法則如下:

（A） 明度階段的調和

三種或三種以上的灰色，取等間隔的明度階段，就可獲得灰色（明度階段）調和的效果。(例如: a — c — e — g — l — p）

（B） 等色相三角形的調和（圖一）

等色相三角形成如次情形時可獲得同色調和。此時要得到顯目的對比效果，採取等間隔就可。

ⓐ 等白系列調和（例如: ia—ie— i，na—ne—ni)

位於和等色相三角形底斜邊平行線上的顏色。白含有量相等的顏色。

ⓑ 等黑系列調和（例如：c—gc—lc, ec—ic—nc）

位於和等色相三角形上斜邊平行線上的顏色。黑含有量相等的顏色。

ⓒ 等純系列調和（例如：ia—lc—ne—pg, ca—ge—li—pn）

位於和等色三角形垂直軸平行線上的顏色。純度相等的顏色。

（C） 等值色環的調和

向色立體的軸成垂直面切開，可得到黑及白含有量各個相等的二十八個等值色環（如 ea 或 nc 等色相號碼以外的相同記號的顏色，和一般色相環不同的二十四色相環。)（白黑含量相同的二十四色）

色相環上的顏色，全部具有相等的純度。從這個色環上可以獲得如次的等值色調和。（圖二）

ⓐ 類似色調和……成爲弱對比效果。

2 間隔對（例如：2ie—4ie, 22na—24na）

3 間隔對（例如：3ea—6ea, 14na—17na）

4 間隔對（例如：6ni—10ni, 1na—21na）

ⓑ 異色調和……成爲中間的對比效果。

6 間隔對（例如：8ea—14ea, 3na—21na）

8 間隔對（例如：1ie—9ie, 4na—12na）

ⓒ 反對色調和（補色調和）……成爲極強的對比效果。

12間隔對（例如：2ni—14ni, 5na—17na）

（D） 菱形補色對調和

包括色立體軸的縱斷面菱形，其相對三角形裏的色彩都是互成補色的色相。因此在此菱形上可獲得反對色的調和。

ⓐ 等值色環補色對………和等值色環的反對色調和一樣，位於十二間隔的同一記號色相有三種調和的補色對。(1) 高純度補色對（例如：2pa—14pa）強烈對比的配色。(2) 中純度的補色對（例如：2ic—14ic）中性配色。(3) 低純度補色對（例如：2li—14li）較鈍性的配色。

ⓑ 斜橫斷補色對……一個記號相同的等純度（例如：2ie—14ni）和異純度（例如：2ea—14ea）兩色，有明暗變化的對比配色。

（E） 菱形非補色對調和

在組合2個色相差12以下的等色相三角形的菱形上，可獲得如下的異色調和和類似色調和。

ⓐ 等值色環對………和前述同一記號的兩色（例如：2ic—6ic）

ⓑ 斜橫斷對……有等純度（例如：2ie—6ni）和異純度（例如：2ia — 6pi）兩種，可獲得色相差和明暗對比效果。

（F） 二色或三色調和的一般法則

ⓐ 同一色相的二色（明度、彩度變化）會調和。

ⓑ 同一記號的色彩會調和。

ⓒ 任何色彩都和有一字記號相同的灰色調和。

ⓓ 前一字記號相同的二色會調和。

ⓔ 前一字和後一字記號相同的二色會調和。

ⓕ 後一字記號相同的二色會調和。

ⓖ 記號關係如下的兩色和另一色調和。

le, ig — ic, lg, gc, li

ni, ec — nc, ie, ic, ne

na, pg — ng, pa, ga, pn

(G) 多色調和

如圖三，通過色立體三角形中某色（例如：ic）的垂直線（等純系列）上斜邊的平行線（等黑系列）下斜邊的平行線（等白系列）以及水平切開的圓（等值系列）上面的色彩都會調和。

由此可得到 37 種調和色。Ostowale 稱此圖爲「輪之星」。同時如圖三，還可從等白、等黑、等純線上的任何部位畫出新的等值色環，找出更多的調和色。

(2) Moon · Spencer 的配色調和論

美國色彩學家 Parry Moon 和 Domina Eberle Spencer 的配色調和理論是，把從來的配色調和論加以檢討，從中求得普遍的原理，以定量的數式求取調和的效果。

根據 Moon · Spencer 的理論，所有配色可大別爲調和和不調和兩大類。調和令人感覺舒適愉快，不調和看起來叫人感覺不愉快。但這時必須避開聯想、喜惡以及適合性等一切其他條件來考慮。

配色調和的基本條件是：（假定）

(1) 兩色之間的差異，不會不明瞭。

(2) 在色空間裏（以等頻度感覺把色相、彩度、明度的色彩關係構成的立體圖形）能够以簡單的幾何學關係選擇的色彩。

所謂調和有下列三種類:

(1) 同一……同色的調和

(2) 類似……類似色的調和

(3) 對比……反對色的調和

不調和也有下面三種:

(1) 第一不明瞭……極相似色彩的不調和

(2) 第二不明瞭……略微相差的色彩的不調和

(3) 眩輝……極端反對色的不調和

下表是表示 Munsell 表色系的色彩三屬性，色相(H),

二色間的調和、不調和範圍

調和範圍	不調和範圍	僅V的變化	僅C的變化	僅H的變化
同　一		0—1 j.n.d	0—1 j.n.d	0—1 j.n.d
	第一不明瞭	1 j.n.d—½	1 j.n.d—3	1 j.n.d—±7
類　似		½—1½	3—5	±7—±12
	第二不明瞭	1½—2½	5—7	±12—±28
對　比		2½—10	7→	±28—±50
	眩　輝	>10	—	—

註: H.V.C 是 Munsell 記號，數字是階段 (H是 100 分割)

j.n.d 是最小判別域值。

十: 順時鐘　一: 反時鐘

明度（V），彩度（C）中有一種屬性發生變化時，可能產生的調和和不調和的範圍。

其中僅色相變化時在色相環上表示的圖，就是圖五。圓周分割的數字中，右半面表示分割度數，左半面表示 Munsell 色相環 100 分割時的色相差。

又，色相固定，明度及彩度各有變化時，表示明度差和彩度差關係的調和、不調和範圍，如下表，以圖表示，則如圖四。

等色相配色的調和範圍

範	圍	C的差	V的差
	第一不明瞭	2	0
類　似		0 2 4	1 1 0
	第二不明瞭	0 2 4 4 6 6	2 2 1 2 1 0
對　比		0 2 4 6 8	3～10 3～10 3～10 2～10 0～10
	眩　輝	全　部	>10

其次再把調和分類為:

第一類……1 屬性變化的調和

第二類……2 屬性變化的調和

第三類……3 屬性變化的調和

讓配色能够在色空間裏頭，可以用簡單的圖形配列而成。

配色和面積的關係則如下：

①配色與配色之間的良好平衡，是在色空間的順應點周圍的色面積的力矩（Scalar moment）和所有色彩的關係相等時，或者成爲簡單的倍數時就可以獲得。

②配色的心裡效果因色面積的平均值（Balance point）而定。

所謂的 Scalar moment 是在 munsell 色立體中，從某色到順應色（通常是 N5）的距離（叫做 moment arm）和色彩的面積相乘而得。N5 周圍的 momet arm 計算結果如下表。

N5 周圍的 moment arm

V \ C	/0	/2	/4	/6	/8	/10	/12	/14
0和10	40	—	—	—	—	—	—	—
1和9	32	32.1	32.4	32.6	33.0	33.6	34.2	35.0
2和8	24	24.1	24.4	24.8	25.3	26.0	26.8	27.8
3和7	16	16.1	16.8	17.1	17.9	18.9	20.2	21.3
4和6	8	8.25	8.94	10.0	11.3	12.8	14.4	16.1
5	0	2	4	6	8	10	12	14

例如 munsell 記號 P3/8 和 P6/8 兩色的配色面積，可以根據上表來求取。它的 moment arm 是 17.9 和 11.3，所以它的面積比，只要能够和其反比的 11.3=17.9=0.63 相等就可以。

或者，能够成爲和 0.63 的簡單倍數，卽 0.31、0.21、1.26、1.89 等面積比時，就可以獲得良好的平衡效果。

其次，所謂 Balance point 是，用於設計的色彩，按照它的面積比例，放在色彩回轉板上混色而成的全體色調。隨伴配色而起的感情效果，常因 Balance point 的色彩的色相(H)、明度（V)、彩度（C）而起變化。下表和圖就是它的實例。

Balance point 的感情效果

H	V	C	感情效果
R		>5	非常的刺激，非常的溫暖，
YR		>5	刺激的，溫暖，
Y		>5	少微刺激，少微溫暖，
GY		>5	少微平靜，中性的冷暖感，
G		>5	平靜，少微涼快，
BG		>5	非常的平靜，非常的涼爽，
B		>5	無刺激，涼爽，
PB		>5	無刺激，寒冷，
P		>5	少微刺激的，中性的冷暖感，
RP			刺激的，少微溫暖，
任意	>6.5	任意	陽氣，
任意	<3.5	任意	陰氣，
任意	任意	<5	無刺激，中性的冷暖感。

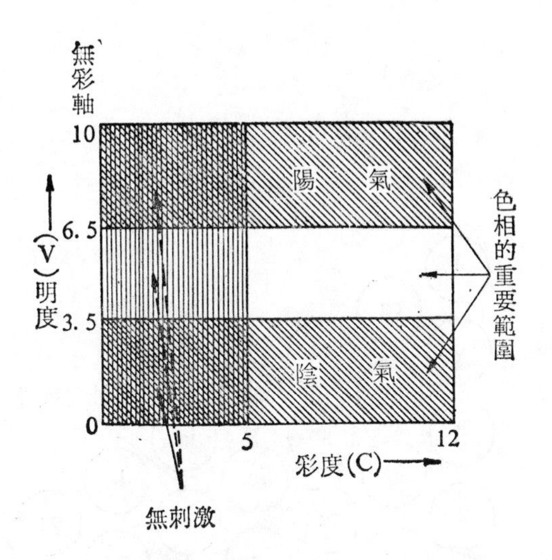

又，配色美的程度，也就是「美度」(Aesthetic measure)可以用下面的公式來表示。

$$M=O/C$$

M是「美度」，O是「秩序」的要素數，C則表示「複雜程度」的要素數，M的數愈大，美的價值則愈高。有關「美度」的問題，一般有下列幾種現象。

①關係正確的灰色配色，具有不低於有彩色配色的高度的「美度」效果。

②同一色相的調和，看起來極爲愉快。

③同一明度的配色，「美度」較低。

④同一色相，同一彩度的簡單的設計，常常要比多種色相的複雜配色較佳。

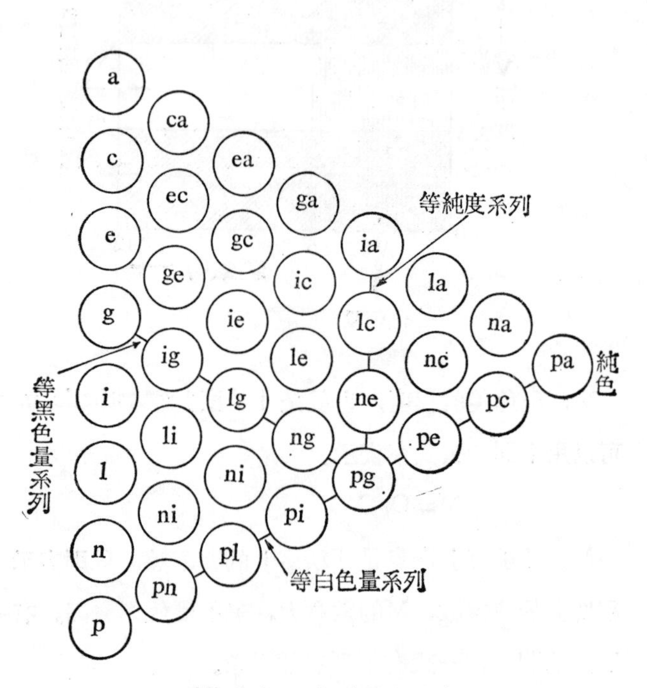

〔等色相三角形的調和〕

等白色量系列調和: ia—ic—ie　la—le—li
等黑色量系列調和: c—gc—lc　e—ge—ie
等純度系列調和: ia—lc—ne　ca—ge—li—pn

圖一　Ostwald 的等色相三角形

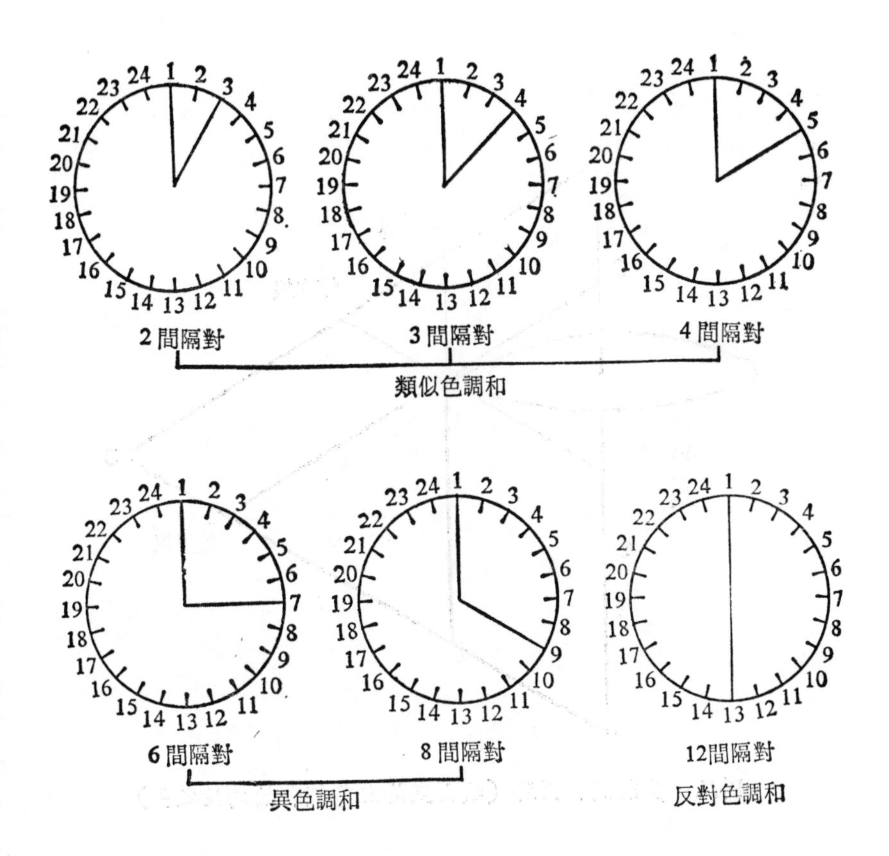

例:

二間隔對: 2 ie 和 4 ie 的組合, 22na 和 24na 的組合
三間隔對: 3 ea 和 6 ea 的組合, 14na 和 17na 的組合
四間隔對: 6 ni 和 10ni 的組合, 1 na 和 21na 的組合
六間隔對: 8 ea 和 14ea 的組合, 3 na 和 21na 的組合
八間隔對: 1 ie 和 9 ie 的組合, 4 na 和 12na 的組合
十二間隔對: 2 ni 和 14ni 的組合, 5 na 和 17na 的組合

▲圖二 歐土互洛配色調和論的等值色環調和

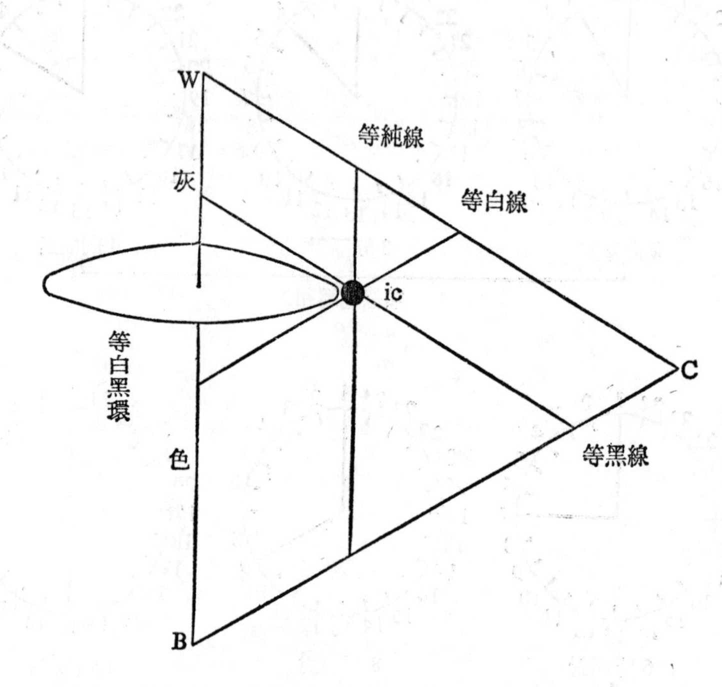

圖三　多色調和圖解（歐士互洛配色調和論的輪之星）

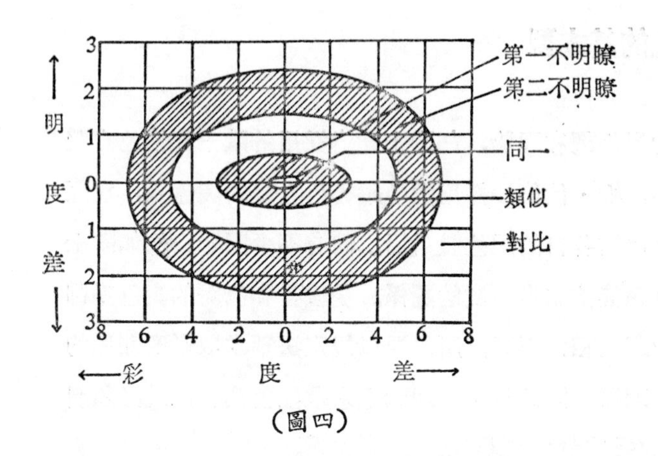

（圖四）

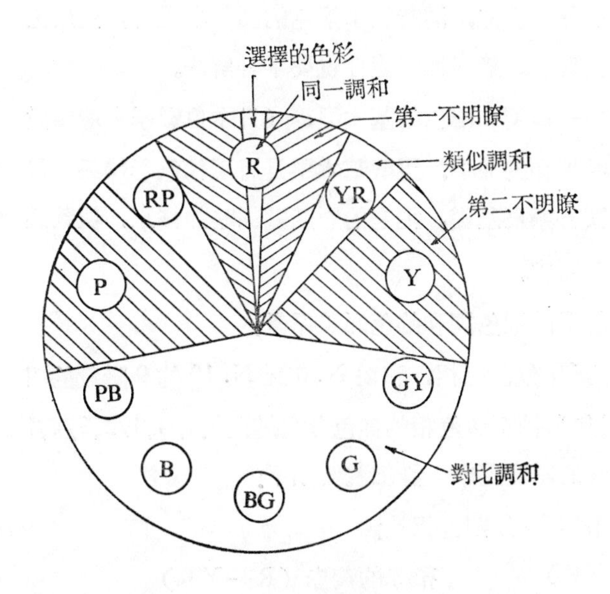

▲Munsell 色相環的調和、不調和圖解

（圖五）

3 配色的基本型

從來的配色調和理論，如歐士互洛採用的歐士互洛色立體的表色系，姆·仕倍沙採用的曼綏魯色立體的表色系，實際上要原樣當做各自的配色體系用，尙有不少困難。例如歐士互洛表色系無法求取明度的關係。曼綏魯和色研的表色系卻彩度階段因色相而不同，所以要以規定法則求取彩度關係的調和則有困難。因此爲了從理論上求取配色調和，就必須製作另一種專供配色調和使用的色彩體系。

但是，要製作專爲配色用的理想色彩體系，必須從事針對調和用的統計學研究，同時除了配色的面積配置外，對於色彩的聯想、喜惡、適應性等條件也要早日解決。

下面介紹一種調和配色的基本型，（日本色彩學家塚田設計）來說明調和的通則，這個基本型是將現代色彩體系中最完備的曼綏魯系爲基礎，把它的彩度關係略加修正，使其適合配色需要而成。

下面要說明的配色調和的色彩體系是:

曼綏魯的 20 分割色相，和從 N. 0 到 N. 10 的 9 階段的明度，以及從無彩軸至各色相的純色分爲純度0、1/4、1/2、3/4、1 等 5 個階段的彩度爲準。詳細說明如下:

曼綏魯系的 20 分割色相是:

赤（R）	帶赤的黃赤（R—YR）
黃赤（YR）	帶黃赤的黃（YR—Y）
黃（Y）	帶黃的黃綠（Y—GY）

黃綠（GY）　帶黃綠的綠（GY—G）
綠（G）　帶綠的青綠（G—BG）
青綠（BG）　帶青綠的青（BG—B）
青（B）　帶青的青紫（B—PB）
青紫（PB）　帶青紫的紫（PB—P）
紫（P）　帶紫的赤紫（P—RP）
赤紫（RP）　帶赤紫的赤（RP—R）

明度階段是就實際存在的色彩明度的範圍內將明度 9 至明度 1 分 N9 爲W（White、白）

N8 爲HL　(High light、高明)
N7 爲L　(Light、明)
N6 爲LL　(Low light、低明)
N5 爲M　(Middle、中明)
N4 爲HD　(High dark、高暗)
N3 爲D　(Dark、暗)
N2 爲LD　(Low dark、低暗)
N1 爲B　(Black、黑)

等 9 階段。

曼綏魯記號的 N. 10 的白和 N. 0 的黑，是理論上的絕對白和黑，實際上並不存在於物體色的色彩中，所以在此不予列入。

所謂純度是，某色中所含有的色調的程度，純度 1/4 是色相的純色量1/4，灰色量 3/4 的意思。純度 0 是無彩色。1/4 是弱純度 (Weak)，1/2 是中純度 (Moderate)，3/4 是強純度 (Strong)，1 是純色 (Full color)。

這裏所謂的純色是顏料所能表示最高純度的色彩，等於曼綏魯系彩度階段的最高色相。這5階段的純度也可以取其中間分 0、1/8、2/8、3/8、4/8、5/8、6/8、7/8、8/8 等9階段的純度。

我們所見的配色，要能够在心理上有舒適的統一感，首先要有同一性和連續性。所謂同一性是使配色得到統一的基本條件，可以在色相或明度或彩度以及這些要素的組合當中含有同一要素時獲得。例如:

色相相同，純度相等時就可得到統調的配色調和。又同一性的簡單方式就是返復，不同構成的部份有同樣色調反復時就可獲得。

而連續性是對色相、明度、彩度的各種知覺中產生。例如色相是來自固有順序的知覺，也就是光譜的順序，不合這種順序就會覺得不自然。同樣明度或純度也可發現從明色到暗色，或從無彩色到純色之間的連續性。這也就是所謂漸層的調和，能够使配色獲得統一和變化的效果。

配色調和除了統一的類似性外，變化的對立性也極爲重要。配色是三屬性間的類似性和對立性的適度的均衡。其中最重要的是明度的對立，明度對立時圖案就會顯得非常明快。而色相強烈對比時，它的形狀反而不容易識別。單是純度的對立就會變成較弱的配色。

總而言之，配色的調和是，從色調間具有的同一性或連續性要素，以及和其他要素的對立組合而獲得。換言之，不外是求取色彩的律動效果，律動是保持井然而均衡的間隔的連續性，如此可以產生明度的律動、色相的律動、或純度的律動，色與色的間隔從面積和配置的關係上去選擇，做有組織化的計劃。

(1) 明度爲基礎的配色

據調和配色的效果來看，被選爲調和色最多的配色是適當明度差的配色。換句話說；明度關係是調和配色的第一重要條件。

(A) 明度基調

音樂用語裏有「基調」一詞，用於表示「調子」的特殊關係，在配色用語裏「基調」一語是指組合主調色爲中心的色相或明度或純度的調子。例如所謂明度基調是，不同明度的數色要配色時，因主調色爲中心的明度差的組合法，就可產生種種明度的調子。又如組合同樣明度差而漸次變暗的三種灰色，因模樣中會產生統一的要素，而得到間隔性的類似效果。其差異小時類似性則增加，大則成爲有變化性。有彩色的明度可用無彩色的九階段做標準。有彩色的明度基調爲準的配色，有下列幾種:

ⓐ 高明基調

明度階段上邊的 W、HL、L 之間的明度的顏色。也就是明色的配合。以相近的明度間隔統一配色效果，也可以律動性的間隔關係配合。

高明基調是明亮優雅的調子。

ⓑ 中明基調

明度階段中間位置，LL、M、HD的明度的顏色，也就是中明色的配合。具抑制性的高尚調子。

ⓒ 低明基調

明度階段的下邊(低位) D、LD、B的明度的顏色。

也就是暗色的配合。靜而黑沈的調子。

（B） 明度列

明度類似的基調都爲弱的配色，實際爲了要求更大的對比效果，以明度的連續並列爲明度列時，如1/2明度列，3/4明度列，全明度列等，從明度階段的 1/2 或 3/4 或全域裏，取出幾種色彩來組合，就可獲得較強的配色效果。

（C） 長調及短調

配色時，組合顏色的明度差間隔 3 階段或以下的小間隔時，叫做短調。組合離開 5 階段以上的顏色時，叫做長調。

以主調色爲中心和前述的高調、中間調、低調一起就可以變成如次的基調。（96頁圖例）

ⓐ 高長調

高明基調配長調的色彩而成，例如以ＨＬ明度的顏色爲地色，配以白及黑的時候。

明快而積極氣氛的配色效果。

ⓑ 高短調

高明基調配短調的色彩而成。例如以ＨＬ明度的顏色爲地色配以白及Ｍ明度的色彩的配色。

優美、柔和的配色效果。

ⓒ 中間長調

中明基調配合長調的顏色而成，例如Ｍ明度的顏色爲地色，配合白及黑的時候。

強而鮮明的配色。

ⓓ 中間短調

中明基調配合短調的顏色而成，例如Ｍ明度的顏色為地色，配合L及D的明度的顏色。

感覺非常鈍的配色。

ⓔ 低長調

低明基調配合長調的色彩，例如LD的明度的顏色配合白及黑的時候。

重而具威嚴的配色。

ⓕ 低短調

低明基調配合短調的顏色，例如LD的明度的顏色為地色，配合M明度的顏色及黑的時候。

氣氛陰鬱的配色。

ⓖ 中間高短調

中明基調配合高明短調的顏色，例如M明度的顏色為地色，配合白和L明度的顏色。

可得到略明氣氛的配色。

ⓗ 中間低短調

中明基調配合高明而短調的顏色，例如M明度的顏色為地色，配合白和D明度的顏色及黑的時候。

可獲得略暗氣氛的配色。

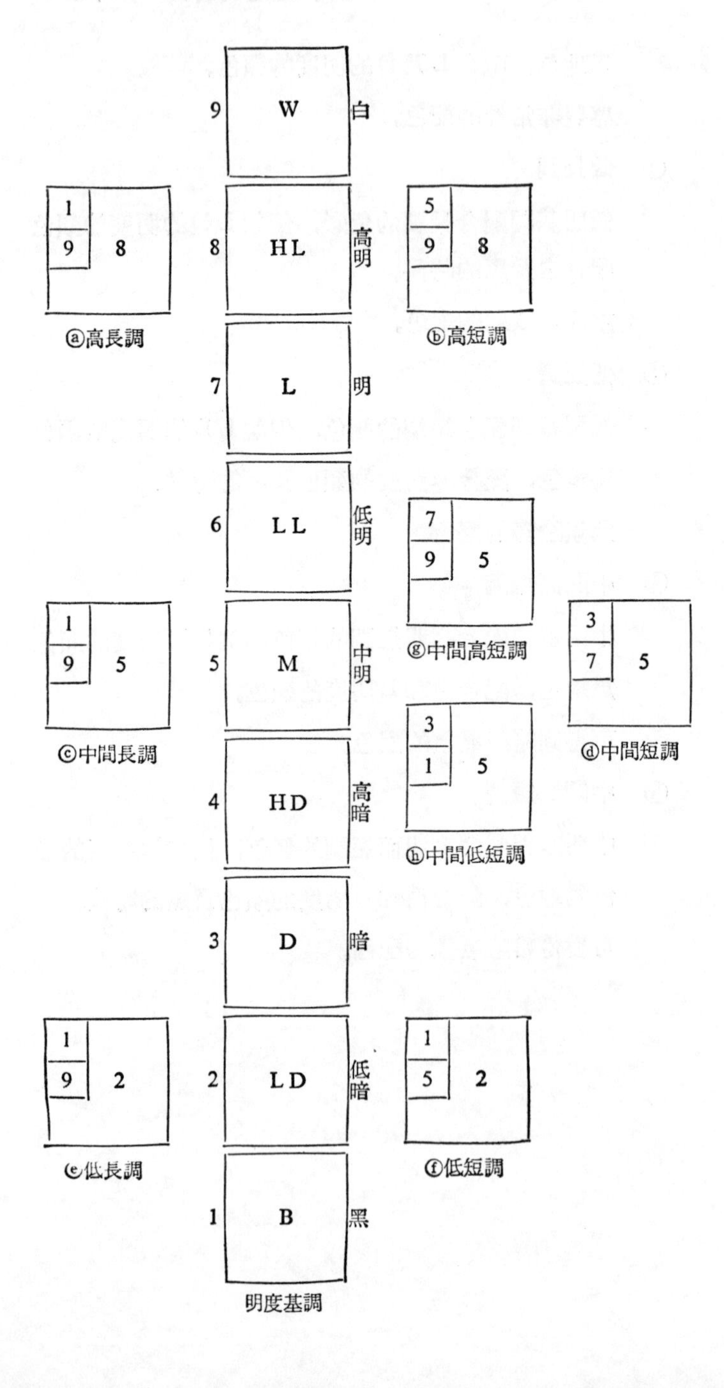
9
W
白
8
HL
高明
7
L
明
6
LL
低明
5
M
中明
4
HD
高暗
3
D
暗
2
LD
低暗
1
B
黑
明度基調
1
9
8
ⓐ高長調
5
9
8
ⓑ高短調
7
9
5
ⓖ中間高短調
1
9
5
ⓒ中間長調
3
7
5
ⓓ中間短調
3
1
5
ⓗ中間低短調
1
9
2
ⓔ低長調
1
5
2
ⓕ低短調

(2) 純度爲基礎的配色

純度的關係是從正上方向下看色立體時，中心是無彩色，最外側爲純色，其中間分 1/4、1/2、3/4 的純度階段的同心圓來表示。（106 頁圖例）

（A） 純度基調（的配色）

純度基調（的配色）是配列相等純度的顏色就可獲得。

ⓐ 1/4 純度基調

組合純度 1/4 的弱純度的顏色而成的配色。

感覺極弱的配色效果。

ⓑ 1/2 純度基調

組合純度只有 1/2 的中純度的顏色而成的配色。

感覺穩靜、安穩、平和、溫順的配色效果。

ⓒ 3/4 純度基調

組合純度 3/4 的強純度的顏色而成的配色。

感覺強烈的配色效果。

ⓓ 純色基調

單組合純色的配色。

感覺極爲強烈的配色。

（B） 純度列

純度的連續並列，即純度列是配列純度差的幅度漸大，其配色效果就可變成漸次強烈。

ⓐ 1/4 純度列

純度列的 1/4 的幅度，也就是單就純度 1/4 或 1/2 或 3/4 的配色。單是 1/4 的弱純度時是弱的效果，

1/2的中純度時是穩靜、3/4強純度時是強的配色。

並且因爲各個純度相同的關係，可得到對比弱而統合、歸齊的純度效果。

ⓑ 1/2 純度列

純度列的 1/2 的幅度，例如純度 1/2 和 3/4 的顏色的配色，可得到中間的對比的純度效果。

ⓒ 3/4 純度列

純度列的 3/4 的幅度，例如純度 1/2 和 3/4 及純色的配色，可得到強對比的純度效果。

ⓓ 全純度列

純度列全部的配色，例如純度 1/4、3/4，純色的配色，可獲得極其強烈對比的純度效果。

(3) 色相爲基礎的配色

完全分開明度或純度來研究色相的調和，確是很難的一件事，在此暫以適當變化明度差或純度差爲條件，看看色相爲中心的配色效果。

色相環是依曼綏魯系的二十色相。色相基調是依據色相間隔的選法來取得。（108頁及109頁圖例）

ⓐ 同一色相配色（單色調和）

以同樣色相的濃淡變化組合而成的配色。

極爲溫和（安祥）、歸齊感的配色，但略爲單調。

ⓑ 類似色相配色（二色調和中的類色調和）。

色相間隔二或三的顏色，組合而成的配色。

穩靜感的配色。如Y對GY　　或YR對YR—Y

Y對GY—G

ⓒ 中間色相配色（二色調和中的異色調和）

色相間隔六或七的配色。

在變化中還有某些程度穩靜歸齊的感覺。

如R和PB或B—PB　或R和PB或GY—G

R和PB或G　　等中間色相的配色。

ⓓ 對立色相配色（二色調和中的補色調和）

色相間隔八至十之間的顏色的配色。

具有強烈的對照效果。尤其色相間隔十的R對BG是互爲補色色相，是最強烈的配色。

若要減弱一些它的強烈性，就可選擇色相間隔九或八。如R和BG—B或B，或是R和G—BG或G等補色近似色相的配色。

ⓔ 三對色相配色（三色調和）

某色相和兩邊色相的中間色相二色組合而成的三色。如R和PB和GY的三對色相，可得到富於變化的調和效果。

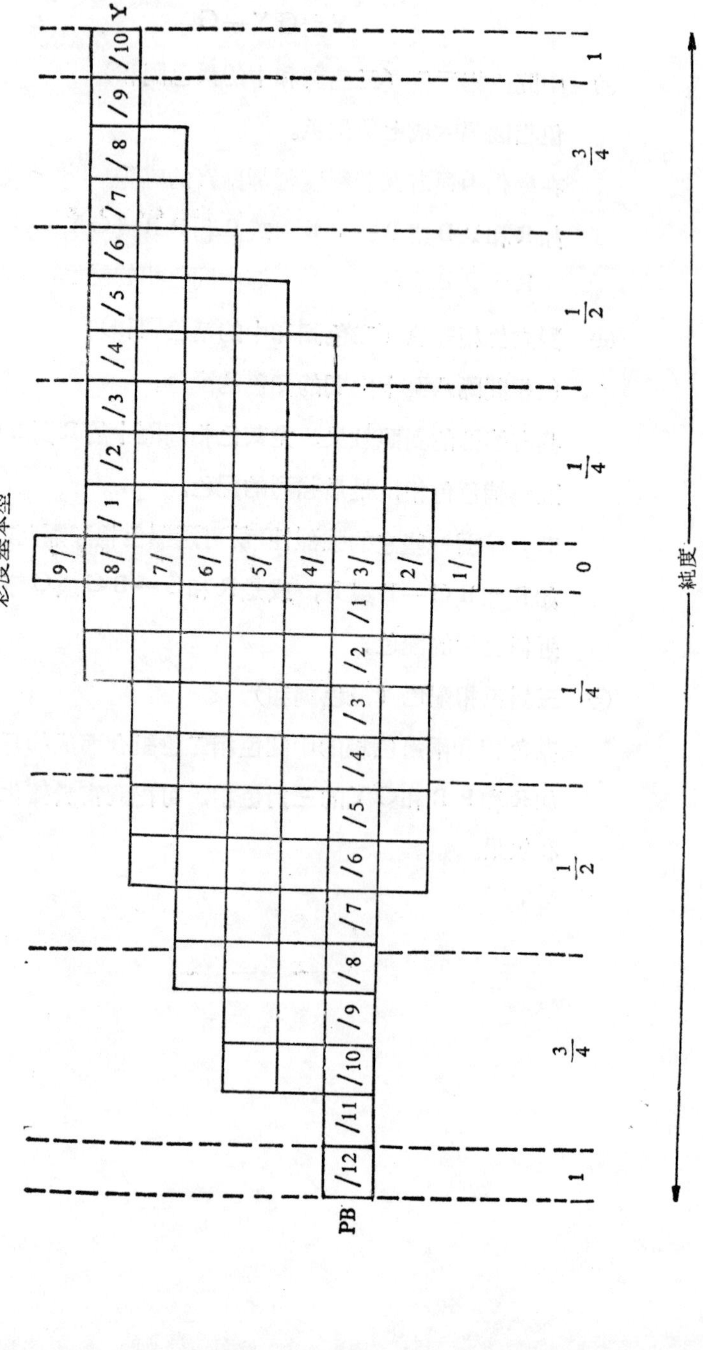

彩度基本型

9/
8/ /1 /2 /3 /4 /5 /6 /7 /8 /9 /10 Y
7/
6/
5/
4/
PB /12 /11 /10 /9 /8 /7 /6 /5 /4 /3 /2 /1 3/
2/
1/

1　$\frac{3}{4}$　$\frac{1}{2}$　$\frac{1}{4}$　0　$\frac{1}{4}$　$\frac{1}{2}$　$\frac{3}{4}$　1

純度
(彩度)

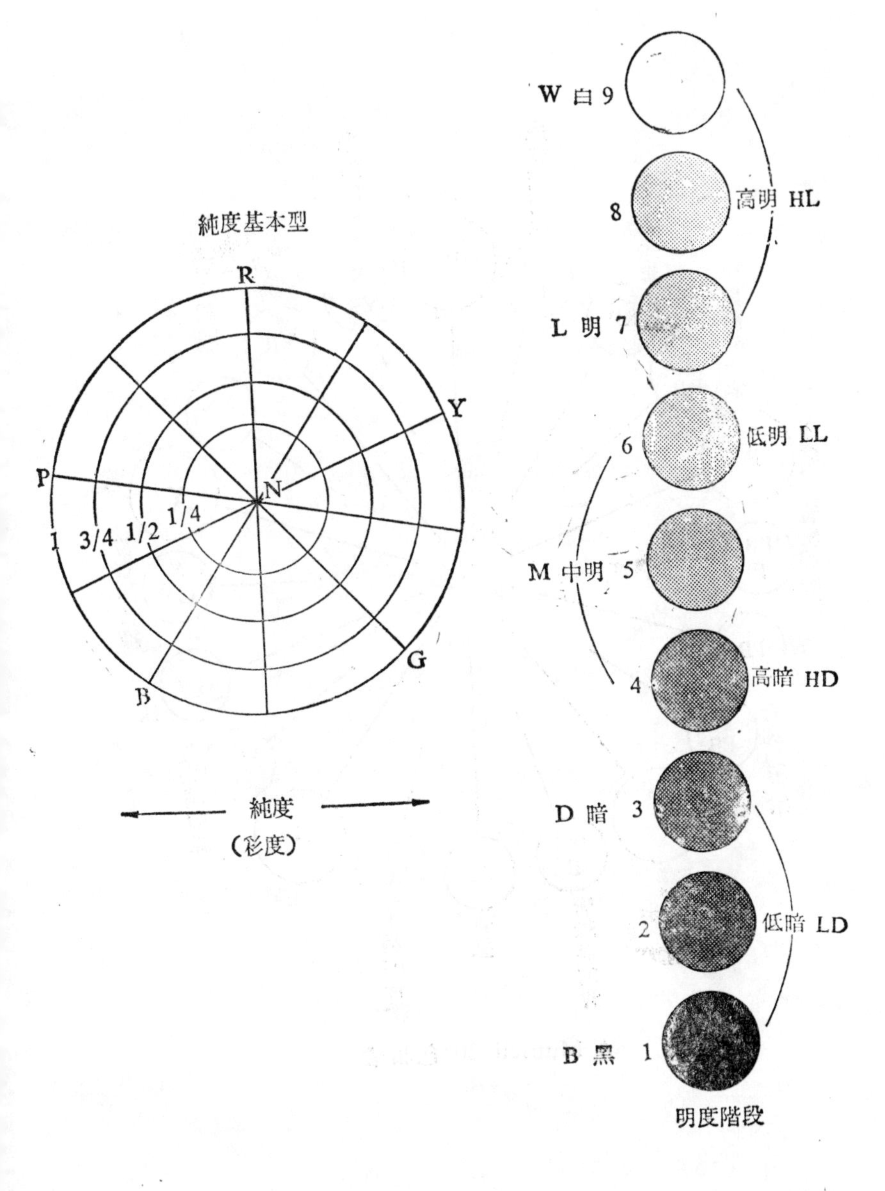
純度基本型
R
Y
P
N
G
B
1
3/4
1/2
1/4
純度
(彩度)
W 白 9
8
高明 HL
L 明 7
6
低明 LL
M 中明 5
4
高暗 HD
D 暗 3
2
低暗 LD
B 黑 1
明度階段

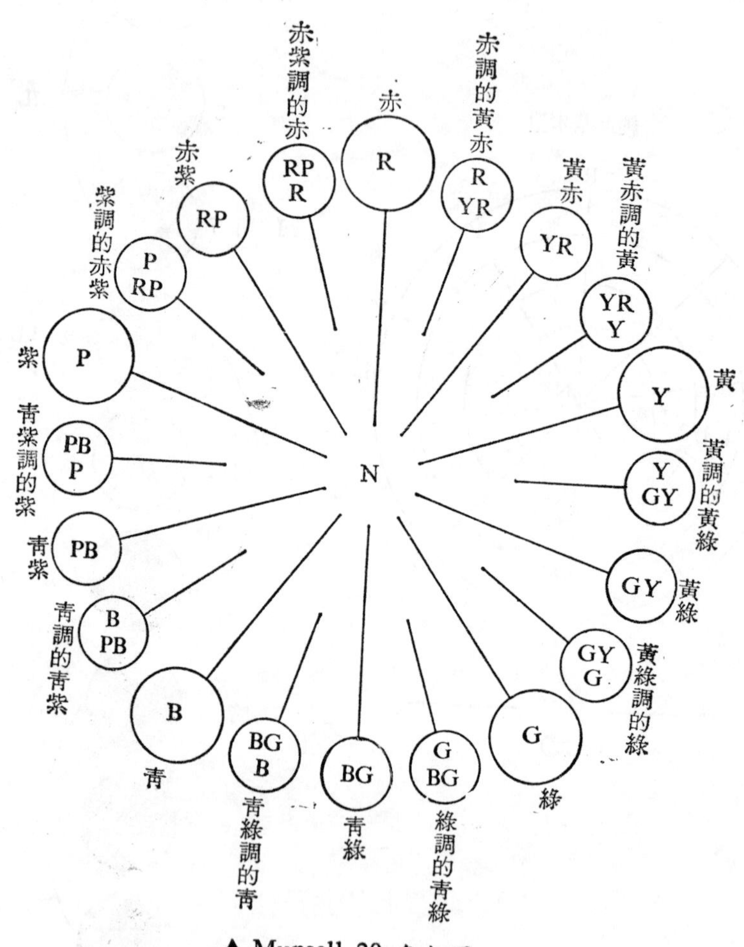

▲Munsell 20 色相環

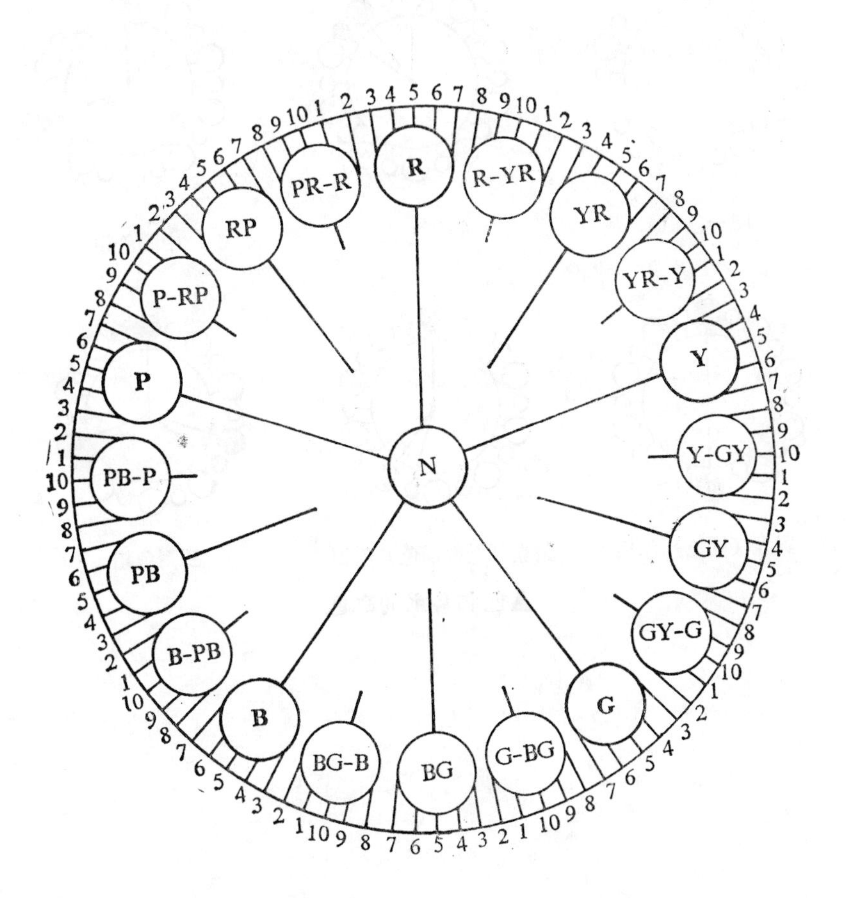

▲Munsell 20 色相環（100分割）

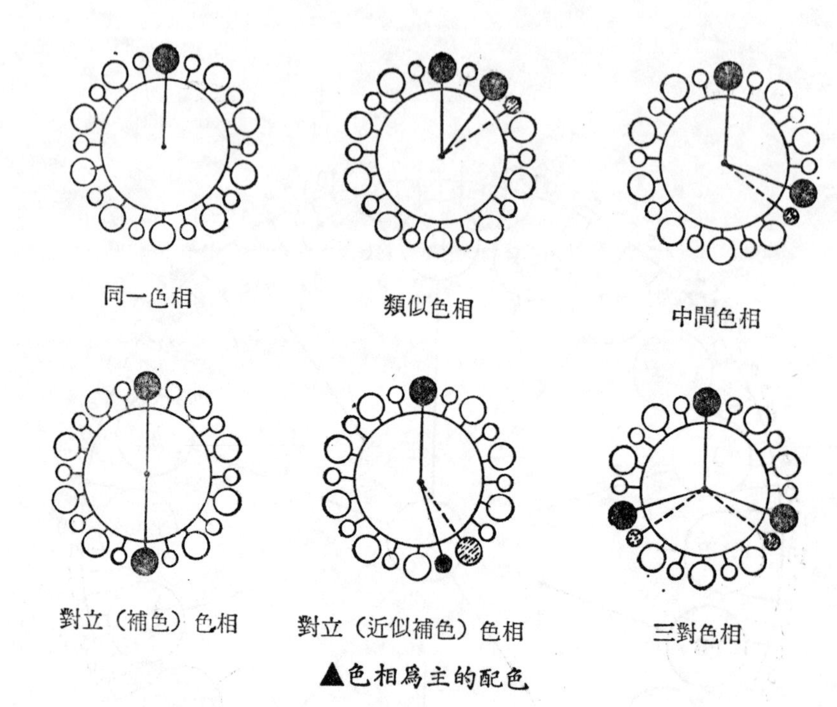
同一色相
類似色相
中間色相
對立（補色）色相
對立（近似補色）色相
三對色相

▲色相爲主的配色

4 配色計劃

繪畫及設計的基本素材，歸納起來只有形態和色彩兩大構成要素（內容要素除外）。在設計的實際工作上，顏色及其面積的大小與配置是配色效果的重要問題。（和形態與材質也有關係）

設計的配色計劃（彩色計劃），必須注意下列各點才能提高視覺效果。

(1)「地色」與「圖形色」

兩種以上的顏色，以各種各樣的形狀配置構成時，有的顏色會消極地遠離觀看者的視線，感覺為「地」。有的顏色則以畫面上的「圖形」姿態積極地讓觀看者有壓迫感，這一種現象稱為「圖形效果」。

「圖形效果」對於設計的地色與圖上的模樣或文字的配色關係，有密切的影響。

一般明色、艷色比暗色、濁色更具圖形效果。

小面積比大面積具有圖形效果。

歸齊的形狀要比廣漠的面有圖形效果。

緣此各點，在彩色計劃時為了獲得明瞭的圖形效果，對於顏色的配置及面積構成，必須注意下列各點，才能收到加倍的效果：

ⓐ 用於圖形的顏色，要比地的顏色明亮或鮮艷。

ⓑ 明而鮮艷的圖形色，面積要小，暗而彩度低的地色面積就要大。

(2)「整體」色調

一件設計品給觀者的感受是決定於全體配色效果的整體色調。要使一件設計品給觀者的感受是充滿活氣或是穩和的，還是寂寞的溫暖的，或是寒冷的就得看整體色調而定。它是由配色的色相、明度、彩度的關係及面積的關連而產生。

首先應決定配色中佔據最大面積的顏色，依配合色的選擇方法，就可獲得種種不同的整體色調效果。

ⓐ 以暖色系統一色相，就可獲得暖和感。
以寒色系統一色相，就會有寒冷感。

ⓑ 以暖色或純度高的顏色爲主，就會有刺激性，以寒色或純度低的顏色爲主，就會感覺很平靜。

ⓒ 以明度高的顏色爲主，就變成明亮、輕快。
以明度低的顏色爲主，就變爲暗重的感覺。

ⓓ 選用對比色相或明度，就會有活氣，類似及同等的顏色，就感覺穩和。

ⓔ 色相的數較多時就顯得很熱鬧，少時則令人有寂寞感。

(3) 配色的「平衡」(Balance)

Balance 是一種平衡、均齊。造形設計時是對於重量、大小、質感等的感覺而定。配色的平衡是依顏色的強弱、輕重等感覺上的力量，左右顏色的面積大小而形成種種配色的Balance。

同樣的配色，常因它的形狀配置方法，以及面積大小等，而變爲調和或不調和。

ⓐ 一般暖色或純色要比寒色或濁色，面積愈小愈容易得

到平衡。

ⓑ 赤及青綠兩純色，因係補色關係而又是相似明度的純色配色，因過於強烈而感覺炫眼奪目，變爲不調和，若把某一色的面積變小或加白或配黑，改變其明度或彩度，就可緩和不調和現象，而獲得平衡效果。

ⓒ 配合純度高而強的顏色，及同明度的濁色或灰色時將前者的面積變小，後者的面積變大就可以得到平衡的配色。

ⓓ 上下配置明色及暗色時，明色在上，暗色在下就能安定，相反則會有動感。

(4) 配色的「輕重」、「强弱」(Accent)

所謂 Accent 是強調某一部分的意思，配色時爲了補救畫面的單調，可以某一色當作 Accent 使用，以束緊全體的調子。Accent 是全體融和而配色較弱時所必要。其用法須注意下列各點。

ⓐ Accent 的顏色，必須是比其他色調強的顏色。

ⓑ Accent 的顏色， 必須選用對於全體色調對照的調和色。

ⓒ Accent 的顏色，必須用於較小的面積。

ⓓ 配色時的 Accent 必須注意平衡效果選用適當顏色。

(5) 配色的「韻律」(Rhythm)

Rhythm 又叫「律動」「節奏」。顏色的配置會產生全體性的調子。並排強中弱三色時因排列法可變化調子，如排列弱中強是一種「漸層」。卽變爲階段的效果。

排成強弱中或中強弱，就產生 Ton 及 Rhythm。

顏色的韻律和色彩的配置、形狀、質感等有密切的關連。

ⓐ 漸進變化各顏色的色相、明度、純度就會產生階調的Rhythm。

ⓑ 返復變化幾次色相 、明暗 、強弱等就可產生返復的Rhythm。

ⓒ 配置的顏色帶有抑揚及方向，就會產生動的Rhythm。

(6) 「漸層」的調和 (Gradation)

「漸層」就是多色配色的階段性次第變化。兩色和更多的顏色不調和時，在其色間揷入階段變化的幾種顏色，就可使其變成調和配色。

ⓐ 色相的漸層是如色相環上的赤、橙、黃、綠、靑、紫等在色相與色相之間，配上中間色相，使其漸層變化，就可獲得。

ⓑ 明度的漸層是如明度階段，從明色至暗色變化其階段就可獲得。

ⓒ 純度的漸層是如純度階段，從鮮艷色次第移變至濁色而得。

ⓓ 明度、色相、純度的組合漸層是將各個的變化使其漸進就可獲得複雜的效果。

(7) 配色的「統調」(Dominance)

統調是（或主調）爲了統一多色配色的全體色調，使其爲某一種主色調所支配，而獲得調和效果。這種顏色稱爲支配色調。

ⓐ 色相的統調是在各色中加上同一色相就可獲得。

ⓑ 明度的統調是加上白或黑，使全體色調的明亮度相似就可以。

ⓒ 純度的統調是加上灰色，使全體色調的純度相似就可獲得。

(8) 配色的「分隔」(Separation)

兩大面積的顏色，因色相、明度、純度相似時，常因融和而顯得薄弱，相反地，若是對立關係時，因對照結果而變爲太強。

爲了調節這個缺點，在這些顏色之間，以另一種顏色區別開來，就稱爲 Separation（分隔或分離）分隔用的顏色稱爲 Separation Color。

ⓐ 以分隔爲目的所使用的顏色，以無彩色的白、灰、黑較宜。

ⓑ 金色及銀色也具有分隔的效果。

ⓒ 使用有彩色做爲分隔目的時，須考慮能明確區分原來兩色的明度以及色相或純度。

參考書目

色彩學講義	莫大元編	
色彩學概論	林書堯著	三民書局
商業設計入門	何耀宗編著	雄獅圖書公司
The Art of Color	Johannes Itten	Van Nostrand Reinhold
デザインの基礎	山口正城塚田敢共著	光生舘
色彩入門	河原英介著	有峰書店
カラーアート・テクニック	守屋行彬著	グラフイック社
色彩の美學	塚田　敢著	紀伊國屋書店
色の常識	川上元郎著	日本規格協會
色彩デザイン入門	福田邦夫・佐藤邦夫共著	鳳山社
色彩の對比	重田良一・小川榮二共訳	美術出版社
ヨハネス・イッテン色彩論	大智浩訳	美術出版社
配色ノート	山崎勝弘著	光生舘
色彩の科學	小磯稔著	美術出版社
色彩の使い方	原國政哲著	理工學社
配色センスの開發	小林重順著	ダヴィッド社
色彩調和と配色	星野昌一著	丸善
カラー寫眞全科	脇リギオ著	朝日リノラマ

滄海叢刊書目

國學類

中國學術思想史論叢(一)～(八)	錢　穆 著
現代中國學術論衡	錢　穆 著
兩漢經學今古文平議	錢　穆 著
宋代理學三書隨劄	錢　穆 著
先秦諸子繫年	錢　穆 著
朱子學提綱	錢　穆 著
莊子纂箋	錢　穆 著
論語新解	錢　穆 著

哲學類

文化哲學講錄(一)～(五)	鄔昆如 著
哲學十大問題	鄔昆如 著
哲學的智慧與歷史的聰明	何秀煌 著
文化、哲學與方法	何秀煌 著
哲學與思想	王曉波 著
內心悅樂之源泉	吳經熊 著
知識、理性與生命	孫寶琛 著
語言哲學	劉福增 著
哲學演講錄	吳　怡 著
後設倫理學之基本問題	黃慧英 著
日本近代哲學思想史	江日新 譯
比較哲學與文化(一)(二)	吳　森 著
從西方哲學到禪佛教——哲學與宗教一集	傅偉勳 著
批判的繼承與創造的發展——哲學與宗教二集	傅偉勳 著
「文化中國」與中國文化——哲學與宗教三集	傅偉勳 著
從創造的詮釋學到大乘佛學——哲學與宗教四集	傅偉勳 著
中國哲學與懷德海	東海大學哲學研究所主編
人生十論	錢　穆 著
湖上閒思錄	錢　穆 著
晚學盲言(上)(下)	錢　穆 著
愛的哲學	蘇昌美 著
是與非	張身華 譯
邁向未來的哲學思考	項退結 著

現代藝術哲學	孫　旗　譯
現代美學及其他	趙天儀　著
中國現代化的哲學省思	成中英　著
不以規矩不能成方圓	劉君燦　著
恕道與大同	張起鈞　著
現代存在思想家	項退結　著
中國思想通俗講話	錢　穆　著
中國哲學史話	吳怡、張起鈞　著
中國百位哲學家	黎建球　著
中國人的路	項退結　著
中國哲學之路	項退結　著
中國人性論	臺大哲學系主編
中國管理哲學	曾仕強　著
孔子學說探微	林義正　著
心學的現代詮釋	姜允明　著
中庸誠的哲學	吳　怡　著
中庸形上思想	高柏園　著
儒學的常與變	蔡仁厚　著
智慧的老子	張起鈞　著
老子的哲學	王邦雄　著
逍遙的莊子	吳　怡　著
莊子新注（內篇）	陳冠學　著
莊子的生命哲學	葉海煙　著
墨家的哲學方法	鐘友聯　著
韓非子析論	謝雲飛　著
韓非子的哲學	王邦雄　著
法家哲學	姚蒸民　著
中國法家哲學	王讚源　著
二程學管見	張永儁　著
王陽明——中國十六世紀的唯心主義哲學家	張君勱原著、江日新中譯
王船山人性史哲學之研究	林安梧　著
西洋百位哲學家	鄔昆如　著
西洋哲學十二講	鄔昆如　著
希臘哲學趣談	鄔昆如　著
近代哲學趣談	鄔昆如　著
現代哲學述評㈠	傅佩榮編譯

當代西方哲學與方法論	臺大哲學系主編
人性尊嚴的存在背景	項退結編著
理解的命運	殷鼎著
馬克斯・謝勒三論	阿弗德・休慈原著、江日新譯
懷海德哲學	楊士毅著
洛克悟性哲學	蔡信安著
伽利略・波柏・科學說明	林正弘著
宗教類	
天人之際	李杏邨著
佛學研究	周中一著
佛學思想新論	楊惠南著
現代佛學原理	鄭金德著
絕對與圓融——佛教思想論集	霍韜晦著
佛學研究指南	關世謙譯
當代學人談佛教	楊惠南編著
從傳統到現代——佛教倫理與現代社會	傅偉勳主編
簡明佛學概論	于凌波著
圓滿生命的實現（布施波羅密）	陳柏達著
薝蔔林・外集	陳慧劍著
維摩詰經今譯	陳慧劍譯註
龍樹與中觀哲學	楊惠南著
公案禪語	吳怡著
禪學講話	芝峯法師譯
禪骨詩心集	巴壺天著
中國禪宗史	關世謙著
魏晉南北朝時期的道教	湯一介著
社會科學類	
憲法論叢	鄭彥棻著
憲法論衡	荊知仁著
國家論	薩孟武譯
中國歷代政治得失	錢穆著
先秦政治思想史	梁啟超原著、賈馥茗標點
當代中國與民主	周陽山著
釣魚政治學	鄭赤琰著
政治與文化	吳俊才著
中國現代軍事史	劉馥著、梅寅生譯
世界局勢與中國文化	錢穆著

中華文化十二講 錢穆 著
民族與文化 錢穆 著
楚文化研究 文崇一 著
中國古文化 文崇一 著
社會、文化和知識分子 葉啟政 著
儒學傳統與文化創新 黃俊傑 著
歷史轉捩點上的反思 韋政通 著
中國人的價值觀 文崇一 著
紅樓夢與中國舊家庭 薩孟武 著
社會學與中國研究 蔡文輝 著
比較社會學 蔡文輝 著
我國社會的變遷與發展 朱岑樓主編
三十年來我國人文社會科學之回顧與展望 賴澤涵 編
社會學的滋味 蕭新煌 著
臺灣的社區權力結構 文崇一 著
臺灣居民的休閒生活 文崇一 著
臺灣的工業化與社會變遷 文崇一 著
臺灣社會的變遷與秩序(政治篇)(社會文化篇) 文崇一 著
臺灣的社會發展 席汝楫 著
透視大陸 政治大學新聞研究所主編
海峽兩岸社會之比較 蔡文輝 著
印度文化十八篇 糜文開 著
美國的公民教育 陳光輝 譯
美國社會與美國華僑 蔡文輝 著
文化與教育 錢穆 著
開放社會的教育 葉學志 著
經營力的時代 青野豐作著、白龍芽 譯
大眾傳播的挑戰 石永貴 著
傳播研究補白 彭家發 著
「時代」的經驗 汪琪、彭家發 著
書法心理學 高尚仁 著

史地類

古史地理論叢 錢穆 著
歷史與文化論叢 錢穆 著
中國史學發微 錢穆 著
中國歷史研究法 錢穆 著
中國歷史精神 錢穆 著

國史新論　錢　穆　著
秦漢史　錢　穆　著
秦漢史論稿　邢義田　著
與西方史家論中國史學　杜維運　著
中西古代史學比較　杜維運　著
中國人的故事　夏雨人　著
明朝酒文化　王春瑜　著
共產國際與中國革命　郭恒鈺　著
抗日戰史論集　劉鳳翰　著
盧溝橋事變　李雲漢　著
老臺灣　陳冠學　著
臺灣史與臺灣人　王曉波　著
變調的馬賽曲　蔡百銓　譯
黃帝　錢　穆　著
孔子傳　錢　穆　著
唐玄奘三藏傳史彙編　釋光中　編
一顆永不殞落的巨星　釋光中　著
當代佛門人物　陳慧劍編著
弘一大師傳　陳慧劍　著
杜魚庵學佛荒史　陳慧劍　著
蘇曼殊大師新傳　劉心皇　著
近代中國人物漫譚・續集　王覺源　著
魯迅這個人　劉心皇　著
三十年代作家論・續集　姜　穆　著
沈從文傳　凌　宇　著
當代臺灣作家論　何　欣　著
師友風義　鄭彥棻　著
見賢集　鄭彥棻　著
懷聖集　鄭彥棻　著
我是依然苦鬥人　毛振翔　著
八十憶雙親、師友雜憶（合刊）　錢　穆　著
新亞遺鐸　錢　穆　著
困勉強狷八十年　陶百川　著
我的創造・倡建與服務　陳立夫　著
我生之旅　方　治　著

語文類

中國文字學　潘重規　著

中國聲韻學	潘重規、陳紹棠 著
訓詁通論	吳孟復 著
翻譯新語	黃文範 著
詩經研讀指導	裴普賢 著
陶淵明評論	李辰冬 著
鍾嶸詩歌美學	羅立乾 著
杜甫作品繫年	李辰冬 著
杜詩品評	楊慧傑 著
詩中的李白	楊慧傑 著
司空圖新論	王潤華 著
詩情與幽境——唐代文人的園林生活	侯迺慧 著
唐宋詩詞選——詩選之部	巴壺天 編
唐宋詩詞選——詞選之部	巴壺天 編
四說論叢	羅盤 著
紅樓夢與中華文化	周汝昌 著
中國文學論叢	錢穆 著
品詩吟詩	邱燮友 著
談詩錄	方祖燊 著
情趣詩話	楊光治 著
歌鼓湘靈——楚詩詞藝術欣賞	李元洛 著
中國文學鑑賞舉隅	黃慶萱、許家鶯 著
中國文學縱橫論	黃維樑 著
蘇忍尼辛選集	劉安雲 譯
1984	GEORGE ORWELL原著、劉紹銘 譯
文學原理	趙滋蕃 著
文學欣賞的靈魂	劉述先 著
小說創作論	羅盤 著
借鏡與類比	何冠驥 著
鏡花水月	陳國球 著
文學因緣	鄭樹森 著
中西文學關係研究	王潤華 著
從比較神話到文學	古添洪、陳慧樺主編
神話卽文學	陳炳良等譯
現代散文新風貌	楊昌年 著
現代散文欣賞	鄭明娳 著
世界短篇文學名著欣賞	蕭傳文 著
細讀現代小說	張素貞 著

現代詩學　蕭　蕭　著
詩美學　李元洛　著
詩學析論　張春榮　著
橫看成嶺側成峯　文曉村　著
大陸文藝論衡　周玉山　著
大陸當代文學掃瞄　葉穉英　著
走出傷痕——大陸新時期小說探論　張子樟　著
兒童文學　葉詠琍　著
兒童成長與文學　葉詠琍　著
增訂江皋集　吳俊升　著
野草詞總集　韋瀚章　著
李韶歌詞集　李　韶　著
石頭的研究　戴　天　著
留不住的航渡　葉維廉　著
三十年詩　葉維廉　著
讀書與生活　琦　君　著
城市筆記　也　斯　著
歐羅巴的蘆笛　葉維廉　著
一個中國的海　葉維廉　著
尋索：藝術與人生　葉維廉　著
山外有山　李英豪　著
葫蘆・再見　鄭明娳　著
一縷新綠　柴　扉　著
吳煦斌小說集　吳煦斌　著
日本歷史之旅　李希聖　著
鼓瑟集　幼　柏　著
耕心散文集　耕　心　著
女兵自傳　謝冰瑩　著
抗戰日記　謝冰瑩　著
給青年朋友的信（上）（下）　謝冰瑩　著
冰瑩書柬　謝冰瑩　著
我在日本　謝冰瑩　著
人生小語㈠～㈣　何秀煌　著
記憶裏有一個小窗　何秀煌　著
文學之旅　蕭傳文　著
文學邊緣　周玉山　著
種子落地　葉海煙　著

向未來交卷	葉海煙 著
不拿耳朶當眼睛	王讚源 著
古厝懷思	張文貫 著
關心茶——中國哲學的心	吳　怡 著
放眼天下	陳新雄 著
生活健康	卜鍾元 著
美術類	
樂圃長春	黃友棣 著
樂苑春回	黃友棣 著
樂風泱泱	黃友棣 著
談音論樂	林聲翕 著
戲劇編寫法	方　寸 著
戲劇藝術之發展及其原理	趙如琳譯著
與當代藝術家的對話	葉維廉 著
藝術的興味	吳道文 著
根源之美	莊　申 著
中國扇史	莊　申 著
立體造型基本設計	張長傑 著
工藝材料	李鈞棫 著
裝飾工藝	張長傑 著
人體工學與安全	劉其偉 著
現代工藝概論	張長傑 著
色彩基礎	何耀宗 著
都市計畫概論	王紀鯤 著
建築基本畫	陳榮美、楊麗黛 著
建築鋼屋架結構設計	王萬雄 著
室內環境設計	李琬琬 著
雕塑技法	何恆雄 著
生命的倒影	侯淑姿 著
文物之美——與專業攝影技術	林傑人 著